可持续性建筑立面设计

——高性能建筑围护结构的设计方法

[美] 阿吉拉·阿克萨米加
珀金斯 + 威尔建筑师事务所　著
雷祖康　袁怡欣　张　叶　译

中国建筑工业出版社

著作权合同登记图字：01-2016-8960号

图书在版编目（CIP）数据

可持续性建筑立面设计——高性能建筑围护结构的设计方法／（美）阿吉拉·阿克萨米加，珀金斯＋威尔建筑师事务所著；雷祖康等译 . —北京：中国建筑工业出版社，2018.5
ISBN 978-7-112-21833-2

Ⅰ.①可… Ⅱ.①阿…②珀…③雷… Ⅲ.①建筑物—围护结构—立面造型—结构设计 Ⅳ.①TU399

中国版本图书馆CIP数据核字（2018）第032583号

Sustainable Facades: Design Methods for High-Performance Building Envelopes /Ajla Aksamija, ISBN 978-1118458600

责任编辑：程素荣　张鹏伟　董苏华
责任校对：张　颖

可持续性建筑立面设计——高性能建筑围护结构的设计方法

[美]阿吉拉·阿克萨米加　珀金斯+威尔建筑师事务所　著

雷祖康　袁怡欣　张　叶　译

*

中国建筑工业出版社出版、发行（北京海淀三里河路9号）

各地新华书店、建筑书店经销

北京点击世代文化传媒有限公司制版

天津图文方嘉印刷有限公司印刷

*

开本：889×1194毫米　1/20　印张：13⅓　字数：345千字

2018年5月第一版　2018年5月第一次印刷

定价：**128.00**元

ISBN 978-7-112-21833-2

（31688）

目 录

致谢

导言

第1章　基于气候的建筑立面设计方法　　　　　　　　　　　　1

气候分类与类型　　　　　　　　　　　　　　　　　　　　　3

建筑立面的特定气候设计导则　　　　　　　　　　　　　　　8

　　环境考量与设计准则　　　　　　　　　　　　　　　　　8

　　设计策略与气候　　　　　　　　　　　　　　　　　　　9

本章小结　　　　　　　　　　　　　　　　　　　　　　　14

第2章　可持续性立面的特征　　　　　　　　　　　　　　　17

能源效率　　　　　　　　　　　　　　　　　　　　　　　18

　　建筑朝向　　　　　　　　　　　　　　　　　　　　　19

　　开口特性　　　　　　　　　　　　　　　　　　　　　24

立面类型与材料　　　　　　　　　　　　　　　　　　　　40

　　不透光型建筑立面　　　　　　　　　　　　　　　　　40

　　透光型建筑立面　　　　　　　　　　　　　　　　　　48

材料和性能　　　　　　　　　　　　　　　　　　　　　　54

　　立面材料与构件特性　　　　　　　　　　　　　　　　54

　　材料中的潜藏能耗　　　　　　　　　　　　　　　　　62

热性能和抗湿性　　　　　　　　　　　　　　　　　　　　66

　　热传、空气和水分运动的控制　　　　　　　　　　　　66

　　不透光型建筑立面的稳态传热与传湿分析　　　　　　　69

　　不透光型建筑立面的湿热分析　　　　　　　　　　　　74

　　透光型建筑立面的热传分析　　　　　　　　　　　　　79

本章小结　　　　　　　　　　　　　　　　　　　　　　　83

第3章	舒适性设计	85
	热舒适	86
	测量方法	87
	立面设计与热舒适	91
	日光与眩光	95
	自然采光策略	95
	眩光	109
	声舒适与空气质量	115
	声学	115
	空气质量	118
	本章小结	119
第4章	立面设计的新型技术	121
	新型材料与技术	122
	先进立面材料	122
	智能材料	126
	双层玻璃幕墙	135
	干热型气候区的双层玻璃幕墙	141
	寒冷型气候区的双层玻璃幕墙	143
	产能立面	149
	立面控制系统	153
	本章小结	155
第5章	案例研究	157
	建筑朝向与立面设计	159
	亚利桑那州立大学跨学科科学技术大楼	159
	城市水资源中心	167
	建构的日照控制	178
	科威特大学教育学院	178
	阿卜杜拉国王金融区的 4.01 地块项目建筑	186
	阿卜杜拉国王金融区的 4.10 地块项目建筑	200
	室外遮阳构件	211
	得克萨斯州达拉斯大学学生服务楼	211
	立面材料与墙体组合构造	218
	毕格罗海洋科学实验室	218

附 录 案例研究索引 227

第 2 章 228

案例研究 2.1: 228

文森特·特里格斯小学，克拉克县小学基本原型（内华达州，拉斯韦加斯） 228

案例研究 2.2: 228

赫克特·加西亚中学（得克萨斯州，达拉斯） 228

案例研究 2.3: 229

肯德尔学术援助中心，迈阿密达德学院（佛罗里达州，迈阿密） 229

第 3 章 229

案例研究 3.1: 229

疾病控制与预防中心，国家环境健康中心（佐治亚州，亚特兰大） 229

第 4 章 230

案例研究 4.1: 230

诺拉·宾特·阿卜杜拉罕公主大学女子学院（沙特阿拉伯，利亚德） 230

案例研究 4.2: 230

西凯斯储备大学，廷汉姆·维尔大学中心（俄亥俄州，克利夫兰） 230

第 5 章 231

亚利桑那州立大学跨学科科学技术大楼（亚利桑那州，坦佩） 231

城市水资源中心（华盛顿州，塔克玛） 232

科威特大学教育学院（科威特，沙德迪亚） 232

阿卜杜拉国王金融区的 4.01 地块项目建筑（沙特阿拉伯，利亚德） 233

阿卜杜拉国王金融区的 4.10 地块项目建筑（沙特阿拉伯，利亚德） 233

得克萨斯州达拉斯大学学生服务楼（得克萨斯州，达拉斯） 234

毕格罗海洋科学实验室（缅因州，东布斯湾） 234

索 引 235

致　谢

　　首先，我要向比尔·施迈尔茨（Bill Schmaiz）、RK·斯图尔特（Rk Stewart）与布鲁斯·托曼（Bruce Toman）表达衷心的感谢，感谢他们在本书撰写期间输入资料、提出意见并给予大力支持。此外，案例研究中的项目组成员，在提供所需的文件资料与意见时也发挥了不可磨灭的作用，为此，我对他们的参与表达诚挚的谢意，他们是：Curt Behnke, Pat Bosch, Ryan Bragg, Alejandro Bragner, Eric Brossy de Dios, Jane Cameron, Matthew Crummey, Patrick Cunningham, Anthony Fieldman, James Giebelhausen, Patrick Glenn, Andrew Goetze, David Hansen, Scott Kirkham, Devin Kleiner, Aki Knezevic, Richard Miller, Tom Mozina, Michael Palmer, Camila Querasian, Deborah Rivers, Bryan Schabel, Dan Seng, Gary Shaw, Calvin Smith, Ron Stelmarski, Angel Suarez, Jolly Thulaseedas, Deepa Tolat, Ashwin Toney, and Mark Walsh。我还要感谢瓦吉迪·阿卜－伊泽迪恩（达尔集团），所提供的宝贵资料。我的研究助手涅金·贝哈吉与阿卜·阿卜杜拉，他们的协助特别值得称赞：涅金为本书的案例研究部分收集了部分资料，阿卜则准备了部分图表。另外，凯瑟琳·伯格因、唐纳·康特、丹尼尔·焦尔达诺与 Wiley 出版集团在本书的出版期间进行了资料输入，故特别向其表示感谢。

　　最后，我要感谢兹拉坦和努尔·阿克萨米加，感谢他们所付出的无私的爱与支持。

　　建筑物作为我们社会中最大的能源使用者，同时也为我们带来能源节约与环境保护的最佳契机。世界能源使用的快速增长，已引起了关于能源资源逐渐耗尽及其对环境所造成的负面影响的全球性广泛重视，而目前的预测显示这样的增长趋势仍将持续。

　　建筑立面是构成任何建筑物能源预算与舒适参数中最为重要的贡献者之一。随着能源和其他自然资源的逐渐耗尽，可维持我们对室内环境满意程度的技术与策略也已发展明确，因此减少资源的消耗已成为当代建筑立面设计的主要目标。

　　本书主要聚焦在设计可持续性、高效能建筑立面的策略与途径上，可为建筑师和设计者提供技术指导。建筑立面作为室内外环境的一道屏障，可为建筑使用者提供舒适而安全的环境，因此建筑立面必须具有多项功能，例如：

- 提供外向视野；
- 抵御风荷载的能力；
- 承受自重；
- 实施采光策略以减少人工照明使用；
- 防止太阳热得作用；
- 防止噪声作用；
- 抵御雨水与潮湿的渗漏作用。

　　在建筑设计阶段就应当考虑针对物理环境因素（热、光、声）的控制，同时也应提出可改善使用者舒适性（热、视觉、声与空气质量）的设计策略。因此，可持续性立面必须能够阻挡不利的室外环境影响，以维持可让能耗量最低的室内舒适条件。因此在选取适宜的可持续性立面设计策略时，地理区位与气候条件就成了关键性因素。

　　为设计适应环境敏感性、能源效率性的立面，根据科学原理所制定的策略与技术指引则成为了本书的基础（如：在特定气候中可使能耗量最低的方法、不同立面系统的热性能，以及材料和特性），书中以案例研究来说明这些设计方法是如何在实际建筑项目中得以应用的，并探讨新型立面技术、材料与系统等要素。

第 1 章　探讨了不同的气候分类体系、基于气候的设计策略与建筑外围护结构的能源规范建议值。不同的气候区需采取不同的设计策略：以采暖导向为主的气候环境，可通过太阳能收集、被动式采暖、热能存储与材料隔热性能改善的方式受益，同时还可利用日光来降低照明需求。对于以制冷导向为主的气候环境，则需采取相反的设计策略；在这些气候环境中，对太阳光热与直接太阳辐射进行防护为较佳的策略，如此可减少室内外的热得增量。在混合型气候区，则需采取综合的设计策略，从而在日照与日光获得之间形成平衡。

第 2 章　对于可持续性建筑立面的特性进行说明，同时阐述了通过立面设计可减少能源消耗的指导方针。并根据建筑的朝向、不同的立面类型和材料及其特性，研拟提出适宜性策略。由砌体材料、预制混凝土板、金属覆面板以及其他实体材料所构成的不透明型建筑立面，与幕墙或其他类型的透明围护结构相比，能对不同的环境条件作出回应。从文中可知，每种构件、材料选择与构造方式均有不同，其热性能也各有不同。本章中便探讨了热量、空气与潮湿运动的控制概念；与可用于制定设计决策的不同分析方法。

第 3 章　阐明可提高使用者舒适性的设计方法，而舒适性正是决定可持续性、高效能立面中的一个关键因素，因此热、视觉、声舒适与室内空气品质会对建筑物使用者的满意度和工作效率产生影响。本章内容包括测量热舒适条件的方法、提高日光照射等级与消除室内眩光的设计策略、声舒适度量与影响声学性能的材料特性、以及减少立面空气渗透与渗漏的方法。

第 4 章　探讨影响着功能与美学的新型立面技术与创新设计途径。着重于介绍先进及智能材料，并介绍其特性及其在建筑立面中的应用。同时也讨论了在不同气候环境中的双层玻璃幕墙、构件挂设的设计策略，以及会对能源消耗所产生的影响。此外，还涉及作为控制系统的建筑集成光伏系统，与其在建筑立面中的应用方法。

第 5 章　深度阐述案例研究，并图释说明前文已讨论过的各种设计策略，是如何在处于不同气候环境的不同建筑类型上实践的。并详细说明各种可实现持续性立面设计的方法，包括基于建筑朝向的适当设计与被动式策略；通过建筑构造形式控制日照与自遮阳技术；外遮阳构件的设计；立面材料选择；以及对外墙组合构造的设计。

第 1 章

基于气候的建筑立面设计方法

建筑立面具有两种功能：一种是作为分隔室内外空间的一道屏障；而更为重要的一种功能则是创造建筑的形象。高性能可持续性建筑立面可被定义为，在使用最少能源的同时，维持室内环境舒适的外围护结构；它可以改善使用者的健康状况，并提高其工作效率。这意味着可持续性建筑立面不仅是分隔空间的一道屏障，更是一种能够积应对建筑外部环境，营造舒适的内部空间，同时减少能耗的建筑系统。

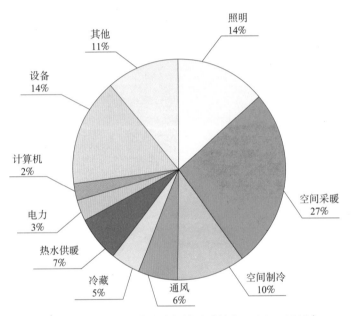

图 1-1　商业建筑的能源使用消耗情况（摘自 DOE，2012）

图 1-1 说明了商业建筑的平均能源使用情况。其中室内空间的采暖、制冷、照明和通风系统的能源使用量超过总量的一半。而建筑立面的性能则会通过这些建筑系统对总能源消耗产生显著影响。

可持续立面的设计者应当对特定的建筑区位和气候特征、工程项目要求和场地限制加以利用，从而创造高性能的建筑围护结构来减少能源需求。因此在设计阶段就应当考虑特定的气候导则，例如：干热气候地区的最佳作业策略则与温带气候地区、热湿气候地区有所差别。

本章中我们考察了不同的气候分类方法，以及每类气候分区的特征。同时探讨了在进行高性能可持续性建筑立面设计时，一些必须根据气候环境特征来进行考量的因素。

气候分类与类型

　　气候是对特定时间段内气象特征的综合概括，主要包括：温度、湿度、大气压、风、降雨量、大气颗粒，以及其他气象特征。不同的纬度、地形、海拔以及附近的山势或水域都会对气候产生影响。例如：美国沿太平洋的西北海岸地区与中央大平原的北方地区虽然所处纬度相同，但因受到洋流的缓和作用，相比之下，海岸地区的冬天就较为温和，而平原地区则较为寒冷。因受到北半球洋流中的墨西哥湾暖流的影响，西欧地区的气候变得相对温和。因此，像英国与法国等国家，虽然它们所处的纬度与加拿大相同，却享受着相对温暖的冬天。

　　柯本（Koppen）气候分类体系是最早的气候分类方法之一。它包括了 5 类主气候群，每类气候群又可细分成一类或多类子气候群。这 5 类主要气候群用 A 到 E 来标记，子气候群则用第 2 和第 3 个字母来标记，表示相对温差、平均冰雹天数以及（与之相关的）当地植被的特性。全球气候都可采用这种体系来分类，如图 1-2。表 1-1 则归纳了柯本主气候群与子气候群的基本特征，以及它们所代表的区域。

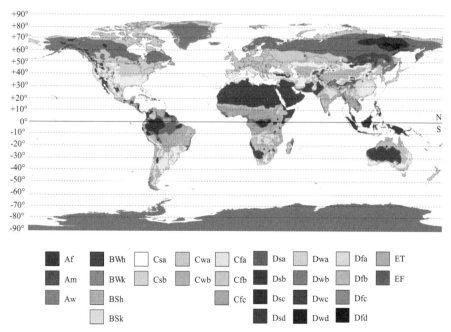

图 1-2　柯本气候分类体系（摘自 Peel 等，2007）

柯本气候分类体系　　　　　　　　　　　表 1-1

主气候群	子气候群	特征	区域
A：热带型气候 全年非干旱 平均温度在 64 ℉（18℃） 全年气候变化从温暖到炎热再到高温潮湿 Af：热带雨林型气候 Am：热带季风型气候 Aw：热带干湿型或萨瓦那型气候	Af：热带雨林型气候	无干旱期，年平均降雨量在 2.4 英寸（60mm）以上	主要分布在赤道南北纬 5°～10° 范围以内
	Am：热带季风型气候	雨季较短，旱季较长，年降水量低于 2.4 英寸（60mm）	常见于南亚与西非
	Aw：热带干湿型或萨瓦那型气候	干季明显，年降雨量低于 2.4 英寸（60mm）	常见于非洲中部
B：干旱型气候（干旱与半干旱） 严重缺乏降雨 年蒸发量大于年降雨量 BS：草原型气候 BW：沙漠型气候	BSh：炎热草原型气候	亚热带沙漠气候，平均温度高于 64 ℉（18℃） 半湿润性炎热气候，夏季酷暑，冬季温和	非洲中部低纬度（0°～10°）地区，澳洲北部和东部的部分地区
	BSk：寒冷半干旱型气候	干冷气候特性	温带和中纬度（10°～30°）的大陆内部，远离大型水域
	BWh：炎热沙漠型气候	降雨量极低，仅能维持植被生长； 年降雨量低于 10 英寸（250mm）， 日温差甚高	非洲中部和北部，美国西南部分地区，澳洲中部
	BWk：寒冷沙漠型气候	处于温带，主要位于高山的雨影；夏季炎热，冬季非常干冷	接近高山区域，典型分布区域为高纬度地区，比如南美洲的南部

续表

主气候群	子气候群	特征	区域
C: 温和型气候 Cw: 冬季干燥的温和型气候 Cs: 夏季干燥的温和型气候 Cf: 降雨量显著的温和型气候	Csa/Csb: 亚热带夏季干燥型气候	最暖月平均气温在 72 ℉（22℃）以上，超过 4 个月平均气温在 50 ℉（10℃）以上	纬度在 30°～45°间的大陆西部（如：北美洲的南加利福尼亚海岸地区、地中海地区）
	Cfa/Cwa: 亚热带湿润型气候	夏季湿润，全年均有降雨	主要纬度在 30°～45°间的大陆内部或东海岸（如：美国的佛罗里达地区）
	Cfb: 温和海洋型气候	多变型气候，夏季凉爽、冬季温和	纬度在 45°～55°间的大陆西岸（如：太平洋沿岸的北美洲西北部地区）
	Cwb: 冬季干燥的温和型气候	冬季明显干燥、夏季明显多雨	主要分布在热带的高山地区
	Cfc: 亚北极海洋型气候	冬季严寒、夏季非常温和	沿海的狭长地带（如：北美洲的南阿拉斯加海岸地区）
D: 大陆型气候 Dw: 冬季干燥的大陆型气候 Ds: 夏季干燥的大陆型气候 Df: 全年明显降雨的大陆型气候	Dfa/Dwb/Dsb: 夏季炎热的大陆型气候	最暖月气温高于 71.6 ℉（22℃）	大陆内部和东部海岸地区（如：南美洲东北部的部分地区）
	Dfb/Dwb/Dsb: 夏季温暖的大陆型气候	最暖月的平均气温低于 71.6 ℉（22℃），但超过 4 个月的平均气温高于 50 ℉（10℃）	出现在夏季炎热的大陆型气候分区北部（如：北美洲的北部、北欧、南美洲的部分地区）
E: 极地型气候 ET: 苔原型气候 EF: 冰原型气候	ET: 苔原型气候	全年最暖月气温低于 50 ℉（10℃）	极地与高海拔地区
	EF: 冰原型气候	气温几乎不超过 32 ℉（0℃）；永久覆盖冰层	南极洲与格陵兰岛

尽管柯本气候分类体系，能够对全世界任何地区的气候与环境状况进行分类，但该体系非常复杂，使得设计者在结合当地气候、设计节能策略时便难以将其利用。因此，国际能源保护规范（IECC）和北美采暖、制冷与空调工程师协会（ASHRAE）共同制定了便于设计者使用的美国气候分类体系。IECC 气候地图，即以被人们广泛接受的气候描述为依据，为使用者提供的简化一致的分类方式，并说明每个地区的制冷度日数和采暖度日数。该分类体系根据气温将美国分成 8 个主要气候分区（用数字 1 ~ 8 来标记），并根据潮湿程度再将各主要气候分区分成 3 个子气候分区（用字母 A、B、C 来标记）。

这 8 个主要气候分区，分别为：
- 1 区：极热型
- 2 区：炎热型
- 3 区：温暖型
- 4 区：混合型
- 5 区：凉爽型
- 6 区：寒冷型
- 7 区：严寒型
- 8 区：亚极地特型

根据地区湿度分成 3 个子气候类，分别为：
- A：潮湿型
- B：干燥型
- C：海洋型

美国的每个地区在 IECC 气候分区与湿度子气候类中，均可找到与之相对应的分类，如图 1-3 所示。此外，IECC 和 ASHRAE 标准以及能源规范均依据该体系制定。

本书中常提到的 IECC 气候分类体系，虽然便于设计者的运用，但也存在一些局限性，即它无法细致地辨认该地区的微气候。比如：整个芝加哥大都会位于 5A 气候分区，但是沿密歇根湖一英里范围内的微气候，就与以奥黑尔国际机场（芝加哥气象站所在地之一）为例的内陆地区有所不同。另一个案例是位于 3B 气候分区的洛杉矶，该区域中靠近太平洋的海岸地区，与海拔高于海平面 600 英尺且群山环绕的圣费尔南多谷地相比，微气候就表现出明显的差异性。对于城区内的建筑，其微气候也有可能表现出不同于 IECC 气候分区的描述特征，因此设计者应当针对设计地块的微气候进行特性研究。

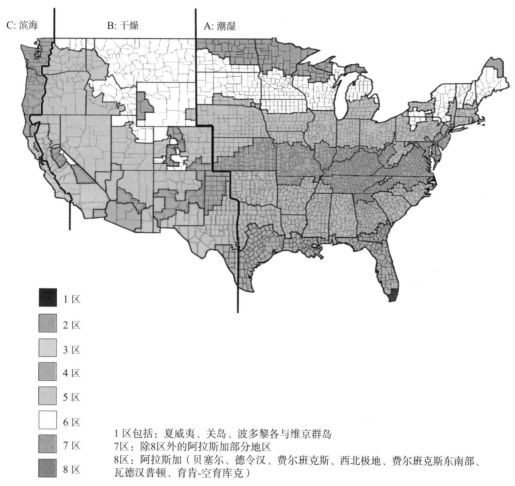

1 区包括：夏威夷、关岛、波多黎各与维京群岛
7区：除8区外的阿拉斯加部分地区
8区：阿拉斯加（贝塞尔、德令汉、费尔班克斯、西北极地、费尔班克斯东南部、瓦德汉普顿、育肯-空育库克）

图 1-3　美国气候分区

经过特定时间段，比如 30 年所收集的历史性气候数据，可作为建筑能源效能分析与建模作业的依据。此外，通过对所收集的温度、相对湿度、风速、降雨量以及太阳辐射数据的统计分析，所得出的典型性气候规律，可在性能模型中，用以开展采暖与制冷的负荷预测。除了历史性气候数据分析之外，当前的气候预测模型，也已发展到可以预测特定地区的未来气候特征的阶段（Lawrence & Chase，2010）。该模型能够说明气候变化、现在与未来的温室气体排放所产生的冲击，以及温度缓慢上升所带来的影响。并且，所预测出的气候数据将会替代历史数据来模拟建筑物的能耗状况，从而使未来气候变化与其对能耗所产生的影响得到重视。

建筑立面的特定气候设计导则

环境考量与设计准则

对于大多数建筑而言，建筑立面会比其他系统更多地影响建筑能耗预算与使用者的舒适性。为了给使用者提供舒适和安全的环境，建筑立面必须满足多种功能，如：提供对外视野、抵抗风荷载、自承固定性荷载、满足室内空间采光、遮挡多余的太阳辐射热得、减少室外噪声与极端气温的影响，以及防止空气与水分的渗漏等（Aksamija，2009）。

因此，在设计阶段，设计者应当考虑室外环境、建筑朝向、空间尺度与使用者的舒适性期望值。表 1-2 说明了气温、太阳辐射、湿度、风速、噪声、地面反射辐射与室外遮挡物（如建筑物、地形或植被）的尺度和区位等因素对于热、视觉、声舒适的影响。这些设计标准的相对重要程度会影响到设计决策，比如不透明材料的特性（厚度、密度、导热性、反射率）与透明（玻璃）材质的特性（厚度、层数、透热性、吸光性、反射性）等。

环境条件与影响热、视觉、声舒适的立面元素特征　　　　表 1-2

环境条件	热舒适	视觉舒适	声舒适
室外设计标准	阳光与风的遮挡 建筑尺度 气温范围 相对湿度范围 风速 太阳辐射	视线与日光遮挡 建筑尺度 纬度与区位 日间时段 外部水平照度 地面反射	减少噪声干扰 建筑尺度 外部噪声程度 外部噪声源

续表

环境条件	热舒适	视觉舒适	声舒适
室内设计标准	空间尺度 使用者活动程度 使用者衣物隔热性	空间尺度 表面颜色 工作面位置	空间尺度 内表面吸收系数
室内舒适性标准	气温 相对湿度 风速 平均辐射温度	照度水平与分布 眩光指数	可接受的室内噪声水平
不透光型立面	覆面的材料特性 隔热量 有效热阻特性（R 值）	窗墙比	材料的选择和特性
透光材料	朝向 玻璃层数 层厚度 传热系数（U 值） 透光系数 太阳辐射热得系数（SHGC）	朝向 窗户材质、尺寸、位置与形状 玻璃厚度与颜色 透光系数 反射率	层数 单层厚度 层密度
透光立面表皮的框架材料 与支撑结构	结构框架的热特性		材料类别

设计策略与气候

不同的气候分区对应不同的设计策略。设计高性能建筑立面的基本方法包括：

- 根据太阳位置来确定朝向、设计建筑物的体形与体量；

- 提供对太阳辐射的遮挡，以控制制冷负荷并提高热舒适度；

- 利用自然通风来降低制冷负荷，并提高空气质量；

- 通过对外墙隔热性能的优化与自然采光的利用，尽可能地减少人工照明与机械制冷、采暖的能源使用量。

在选择设计策略时，我们需要考虑气候分区情况，尽量减少其不良影响与相应能耗。在表 1-3 中，我们可以看到气候类型是如何影响设计策略的（Aksamija，2010）。在采暖导向型气候分区（5 区到 8 区）中，应当充分利用太阳辐射收集、被动式采暖、热量存储、改善保温性能这一系列措施以减少采暖需求，并利用自然采光来减少照明需求。在制冷导向型气候分区（1 区到 3 区）中，遮挡阳光与减少太阳直接辐射则变得更为重要。在混合型气候分区（4 区），则应当采取综合性策略来平衡日晒与采光需求。在某些案例中，地区性气候条件或微气候状况会与相应气候分区的常态性条件有所不同，因此设计者应当针对建筑场地的具体特征作出设计回应。

不同气候分区的立面设计策略

表 1-3

气候类型	可持续性建筑立面的设计策略
采暖导向型气候 5、6、7、8 区	太阳能收集与被动式采暖：通过建筑物外围护结构收集太阳热量 热量存储：在墙体内储存热量 热量蓄积：通过提高保温性能，在建筑物内蓄积热量 采光：利用自然光源，增加建筑立面透光面积，利用高性能玻璃与遮阳板，将光线重新引导进入建筑室内空间
制冷导向型气候 1、2、3 区	日照控制：通过自遮阳（建筑形式）方法或遮阳装置，避免立面受到太阳直接辐射影响 减少室外热得：防止因渗透（通过使用隔热性能良好的不透光型立面）或导热（通过使用遮阳装置）产生的太阳辐射热得 制冷：在环境特征与建筑功能允许的情况下，采用自然通风 采光：通过遮阳装置与采光板，在尽量减少太阳辐射热得的同时，充分利用自然光源
混合型气候 4 区	日照控制：在温暖季节，防止太阳直接辐射（通过使用遮阳装置）照射立面 太阳能收集与被动式采暖：在寒冷季节收集太阳能 采光：利用自然光源，并且增加立面上带有遮阳装置的透光面积

许多能源规范都会参照 ASHRAE 90.1，即除低层住宅建筑外的建筑能源标准，该标准为建筑外围护结构的设置提供了参考性建议（ASHRAE，2007）。ASHRAE 90.1 将根据新增的建筑性能要求进行定期更新。该标准采用将气候分成 8 个主气候区与 3 个子气候区的 IECC 气候

分类体系，并基于建筑区位与气候分区提供相应的规范建议。ASHRAE 90.1 已作为能源或建筑规范在部分州推行，故 ASHRAE 也成为建筑性能度量的标准。ASHRAE 标准根据基本的建筑功能与使用情况对建筑空间进行分类，包括：(1)非居住使用空间（白天使用，内部负荷较高），(2)居住使用空间（24 小时使用，受建筑外围护结构影响，内部负荷较低），(3)非居住与半采暖的居住空间。

ASHRAE 标准将外墙分成 4 类：
- 承重墙，通常由砌体或混凝土材料建构；
- 建筑金属墙，由吊挂于钢结构构件间的金属构件所组成（不包括幕墙内的不透明玻璃或金属嵌板）；
- 钢构架墙，为钢构框架分离出的带空腔外表皮（包括典型的轻钢骨和幕墙）；
- 木构架及其他类墙。

在 ASHRAE 标准中，对所有气候分区规定了以下三项：
- 不同外墙的最小容许热阻值（R 值）；
- 立面构造的最大容许传热系数（U 值）（包括结构框架的热桥效应）；
- 立面构造中透光材料区域的最大容许太阳辐射热得系数（SHGC）。

热阻值（R 值）表示某种立面构造或材料的传热阻抗值，以 h-ft^2- ℉/Btu 或 m^2-℃K/W 来表示。个别材料具有特定的 R 值，通常记成每英寸的 R 值（详见第 2 章）。立面构造的总 R 值可通过将个别材料层的 R 值相加计算获得，在由多层材料构成的立面中，R 值常用来定义不透光区域的热性能值。

导热系数（U 值）为 R 值的倒数，它可核算某种材料或立面构造的传热值，以 Btu/hr-ft^2- ℉或 W/m^2-℃K 来表示，且常用来定义立面组合构造中透光材料区域的热性能值。

太阳辐射热得系数（SHGC）用来量化太阳辐射通过玻璃进入建筑室内的总量，以 0 ~ 1 的数值来表示。0 表示无辐射量通过，1 表示全部辐射量通过。

图 1-4 表示，ASHRAE 标准针对每个气候分区中，非居住使用空间的 4 种墙体构造类型，所提出的最小建议 R 值。承重墙的 R 值较多，受气候的影响，随气候从温暖到寒冷的变化而增加。建筑金属墙的最小建议 R 值在不同的气候分区几乎是相同的，但极寒冷地区和极地气候区则是

例外，那里需要非常良好的保温性能。钢构架墙的最小建议 R 值在混合型与较寒冷的气候分区是相同的，木构架墙的最小建议 R 值则会受到不同气候分区的影响。总体而言，比其他墙体类型相比，钢构架墙与木构架墙要求更高的保温性能。

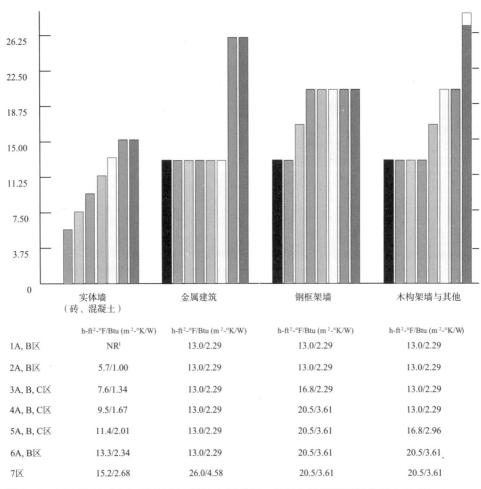

	实体墙（砖、混凝土）	金属建筑	钢框架墙	木构架墙与其他
	h-ft²-°F/Btu (m²-°K/W)	h-ft²-°F/Btu (m²-°K/W)	h-ft²-°F/Btu (m²-°K/W)	h-ft²-°F/Btu (m²-°K/W)
1A, B区	NRⁱ	13.0/2.29	13.0/2.29	13.0/2.29
2A, B区	5.7/1.00	13.0/2.29	13.0/2.29	13.0/2.29
3A, B, C区	7.6/1.34	13.0/2.29	16.8/2.29	13.0/2.29
4A, B, C区	9.5/1.67	13.0/2.29	20.5/3.61	13.0/2.29
5A, B, C区	11.4/2.01	13.0/2.29	20.5/3.61	16.8/2.96
6A, B区	13.3/2.34	13.0/2.29	20.5/3.61	20.5/3.61
7区	15.2/2.68	26.0/4.58	20.5/3.61	20.5/3.61

图 1-4　ASHRAE 90.1-2007 针对所有气候分区、墙体构造类型建议的最小 R 值

图 1-5 表示 ASHRAE 标准针对不同立面构造所提出的最大建议 U 值（非居住使用建筑）；与图 1-4 相同，均是以所有气候区的 4 种墙体类型为依据。这些建议值皆是针对整体立面构造的

状况，包括透光部位与不透光部位。在寒冷型气候分区中，所有类型的墙面的 U 值均较低。当气候趋寒时，砌体、钢构架、木构架的立面需求值就趋向于较低值。相对于其他墙体类型而言，建筑金属墙所需要的 U 值则分成两类：极寒冷气候与其他类。由于热桥效应的影响，在所有的气候类型中，钢构架墙所需的 U 值要比承重墙低。木构架墙的 U 值在大多数气候类型中均为最低。

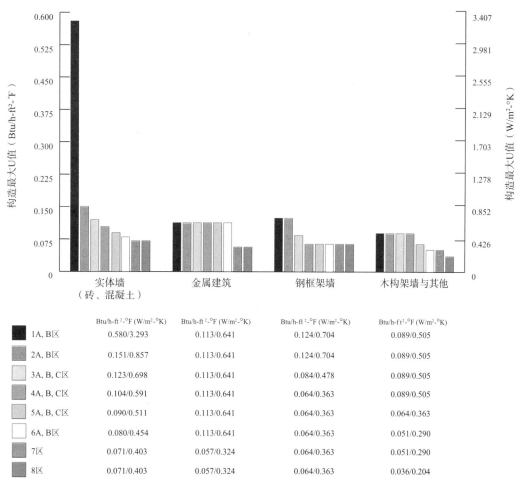

图 1-5　ASHRAE 90.1-2007 针对所有气候分区、墙体构造类型建议的外墙最大总和 U 值

图 1-6 表示 ASHRAE 针对立面透光部位建议的最大 SHGC 值。在温暖型气候分区，因阻隔过量的太阳辐射的需要，其 SHGC 值较低，不超过 25%。对于寒冷型气候分区而言，较高的

SHGC 值则有利于被动式太阳能采暖，但该值不应超过 45%。

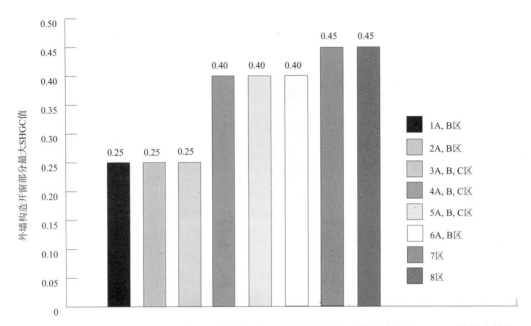

图 1-6 ASHRAE 90.1-2007 针对所有气候分区、墙体构造类型建议的最大 SHGC 值的窗墙比

本章小结

　　本章论述了气候分类体系、基于气候特性的可持续性高性能立面设计策略与建筑外围护结构的能源规范要求。由能源规范制定的标准，如 ASHRAE90.1，仅是为了提高建筑能效而建立的最低标准。然而，可持续性立面，在设计策略上采用高性能的材料与玻璃，应用日光采集策略与遮阳板，并使用控制系统监控和调整立面性能，主要目的是为了达到比能源规范标准更高的性能要求，同时改善建筑整体外围护结构的性能与热效能，以此提高使用者的热舒适度与视觉舒适度。

参考文献

Aksamija, A. (2009). "Context Based Design of Double Skin Facades: Climatic Consideration During the Design Process." *Perkins+Will Research Journal,* Vol. 1, No. 1, pp. 54–69.

Aksamija, A. (2010). "Analysis and Computation: Sustainable Design in Practice." *Design Principles and Practices: An International Journal,* Vol. 4, No. 4, pp. 291–314.

ASHRAE. (2007). *BSR/ASHRAE/IESNA 90.1-2007, Energy Standard for Buildings except Low-Rise Residential Buildings.* Atlanta, GA: American Society of Heating, Refrigerating and Air-Conditioning Engineers, Inc.

DOE. (2012). *Buildings Energy Data Book 2011.* Washington, DC: Department of Energy. Retrieved from http://buildingsdatabook.eren.doe.gov/default.aspx.

Lawrence, P., and Chase, T. (2010). "Investigating the Climate Impacts of Global Land Cover Change in the Community Climate System Model." *International Journal of Climatology,* Vol. 30, No. 13, pp. 2066–2087.

Peel, M., Finlayson, B., and McMahon, T. (2007). "Updated World Map of the Koppen-Geiger Climate Classification." *Hydrology and Earth System Sciences,* Vol. 11, No. 5, pp. 1633–1644.

第 2 章

可持续性立面的特征

自从 1851 年英国的水晶宫建成后，晶莹明亮的透光立面就问世了。但直到 20 世纪 50 年代早期，日趋成熟的建筑技术与逐步复苏的战后经济，才促使玻璃幕墙在全球范围内得到了广泛应用。在这之后的数十年间，相比于如何利用建筑立面来改善建筑的整体性能，设计师们则更看重建筑的美观与视觉效果。直到 20 世纪 70 年代石油危机之后，建筑师们才越来越多地关注世界能源短缺、全球气候变化的问题，意识到设计低能耗建筑与高性能立面的重要性。

下列 4 项基本机理——热传导、太阳热得、空气渗漏、照明负荷，是决定建筑立面如何影响整体建筑中能源利用的因素。改善建筑立面性能的策略与方法多种多样：改善墙体的保温性能以减少传热损失；设置遮阳与高能效玻璃以控制太阳热得；设置连续的空气隔层与良好的门窗系统以防止空气渗漏；增加室内空间的采光，以减少对电力照明的需求与依赖。在本章中，我们将会论述高能效立面的特性与影响其设计的因素。

能源效率

低能耗建筑立面具有什么特性？这些特征包括接受日光进入建筑、防止多余的太阳热量进入建筑、利用墙体阻挡热量、通过改善隔热性能来防止热传导、防止空气或水分渗入立面，以及利用自然通风来降低室内气温等特性。我们在第 1 章已经知道，这些特性受到气候、建筑功能、使用模式、建筑朝向以及设备负荷的重要影响与作用。

建筑立面主要可分为两种类型：
- 不透光型立面，主要由实体材料层构成，比如：砌体、石材、预制混凝土板、金属面板、隔热材料与冷轧钢框，也包括孔形开口或窗户；
- 透光型立面，比如幕墙或者橱窗型立面，主要由透明或半透明的玻璃材料与金属框构件组成。

因组成的构件、材料与构造方法不同，这两类立面的物理性能也有所差异。与透光型立面相比，不透光型立面往往体量更大，具有更多的隔热层以及更佳的蓄热性能。相对于不透光型立面而言，透光型立面能够让更多的日光进入室内，并为使用者提供更为良好的视野，同时减少建筑结构的静荷载。接下来，我们将讨论设计这些类型的低能耗立面时应注重的两个基本的要素：建筑朝向与开口特性。

建筑朝向

建筑朝向决定了阳光的获取情况。因为在一年之中，太阳相对于地球的高度角一直在改变，一天之内太阳也会在空中不断地运动，所以建筑立面上的日照量也在不停地改变。为了简化这个问题，我们选取全年中的 4 天——冬至日，12 月 21 日（此日太阳高度角最低）与夏至日 6 月 21 日（此日太阳高度角最高），与春、秋分日——3 月 21 日与 9 月 21 日逐一来分析日照情况，详见图 2-1。

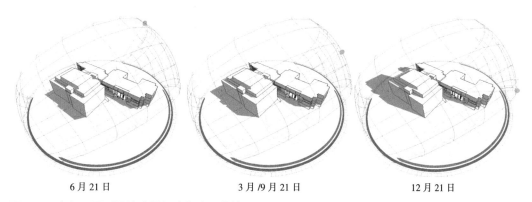

6 月 21 日　　　　3 月 /9 月 21 日　　　　12 月 21 日

图 2-1　全年不同时间的建筑朝向与太阳轨迹

控制太阳热得的策略会受到建筑朝向的影响。从第 1 章可知，在较为寒冷的气候环境的冬季月份，太阳热得有利于建筑采暖。在较为温暖的气候环境中，室内空间应受到遮挡，以避免过多的直接日射。建筑的最佳朝向应该考虑太阳热得的获取，平衡冬季太阳热得的需求与夏季阳光遮挡的要求。

图 2-2 ~ 图 2-3 为极热型与凉爽型气候区中，典型纬度的太阳轨迹图。这两张图均说明了与太阳热得相关的最佳建筑朝向，如图 2-2 表示处在极热型气候区（1 区）的建筑，其全年的太阳热得应尽可能地减少，夏季月份时尤为注重。处在凉爽型气候区（5 区）的建筑，则需更多地考虑不同季节间的需求平衡。如：冬季月份就应充分利用日晒来进行建筑的被动式采暖。

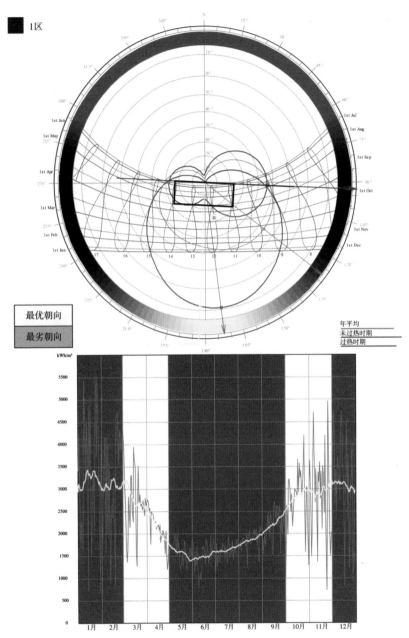

图 2-2 极热型气候区（1区）依据太阳年辐射量建议的最佳建筑朝向

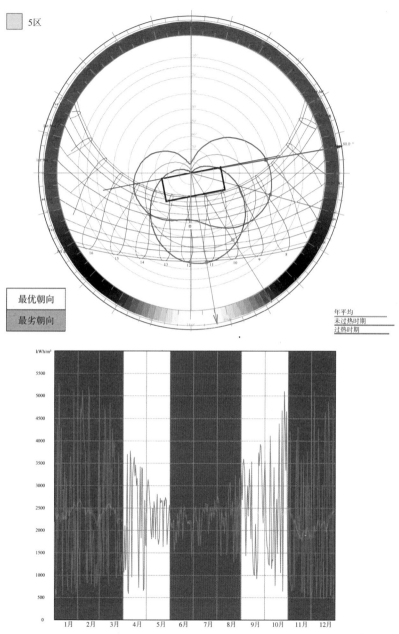

5区

最优朝向

最劣朝向

年平均
未过热时期
过热时期

图2-3　凉爽型气候区（5区）依据太阳年辐射量建议的最佳建筑朝向

建筑朝向并非仅受设计师控制，主要受到场地布局与建筑朝向、区划分区或规划规范的要求，以及其他类似因素的影响。由于太阳方位所带来的被动影响十分显著，因此在设计阶段就应当及早考虑立面朝向的问题。由于不同方向的环境状况与太阳辐射状况并不相同，因此在设计朝东、西、南、北各方向的立面时，就需要做出不同的应对策略。例如：朝北和朝南有利于采光，因为北向的光线是非直射的，而南向则由于太阳位置较高，夏季时能适当遮挡阳光直射。因此增加这两向的日晒有利于获取采光。相对地，由于太阳在东西向的高度较低，为避免多余的太阳辐射，要尽可能减少东西向立面的面积。若因场地所限，设计师无法选择，必须将建筑设为东西向，那么应在这两向立面上设置竖向遮阳板，从而可在早晨与黄昏时遮挡较低的阳光。在进行建筑设计时充分考虑其朝向，就能以较低的能耗获得舒适的室内生活与工作环境。

案例研究 2.1　文森特·特里格斯小学

这小学位于内华达州的拉斯维加斯的克拉克县小学区内，在该项目的初始阶段，设计师们便面临一个简单而又艰巨的挑战：每栋新的学校建筑只能使用当地现有建筑能源标准的2/3，但面积可超过既有规划的 5% ~ 10%，并且建造成本不能超过预算的 80%。为该项目举办的设计竞赛选出了 4 个方案，并依照每个方案建造了原型。文森特·特里格斯小学是最先建成的原型（图 2-4 ~ 图 2-7）。该建筑位于内华达州南部地区，属混合干燥型气候区，方案采取了一系列被动式设计策略，包括充分利用建筑朝向，采用适应当地气候条件的建筑体量，以及改善围护结构的性能来减少能源消耗。

图 2-4　克拉克县小学原型的效果图

图2-5　剖面图解

图2-6（a）　南向立面入口

图2-6（b）　入口上方的深挑檐

　　该建筑尽可能地减少从东向和西向立面所获得的东西朝向日晒，而增加所获得的南北朝向日晒。中央庭院的设置是本土建筑适应气候的一个常见特征，这有利于改善周围室内空间的通风状况。二层露台不仅能产生遮阳效果，还能利用所反射的日光来减少人工照明，并能缓和沙漠地区中因天空过亮造成的眩光。除此之外，案例中还有效地利用光管将直接采光引入教室内部。

该建筑的大部分立面由具有穿孔型窗户的不透光板组成，在南向和西向立面还设有遮阳装置。在主入口门厅的南、北两端设有通高的幕墙。深挑檐可在建筑立面上产生遮阳效果，从而减少太阳热得。

该建筑选用具有隔热特性的且斜向分层浇筑的混凝土板作为不透光立面的材料。这种混凝土板通常用于工业、仓储或大型盒式零售建筑，以较低的成本来提高热性能。每片板由 3 层材料组成，在两层预制混凝土面层之间设置隔热层。这种嵌板构造可减少从室外进入室内的直接热传。板片的混凝土体量还可以储存热量，这有利于适应每日温度波动较大的气候类型。建筑中所有的玻璃组合装置，均由装设在隔热窗框内的高效能、低辐射释出（low-e）的隔热单元组成。

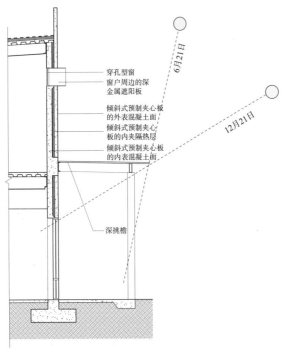

图 2-7　外墙剖面图（南向立面）

开口特性

不论是从美观还是从性能的角度出发，开口部位（普通窗、幕墙、高侧窗、天窗）都是建筑外围护结构设计的重要因素。自然光通过开口部位进入室内的同时，也会导致热量从室外进入室内。开口要素会影响建筑整体的能耗，同时也会影响使用者的生活状态、健康状况、舒适程度以及工作效率。所以在选择开口材料时，设计师必须考虑玻璃的特性，如 U 值、SHGC 值与通视率。开口部位的框架系统设计也同样重要，低质量的开口系统设计与构造施工可能会导致漏风、眩光、噪声、结露与多余的热损失或热得等问题，最终造成使用者产生不舒适的环境体验，并造成过多的能源消耗。

近年来已经成熟的开口产品均采用了先进的新型建筑技术，使得立面在保持透明特性的同时也能满足高能效要求。产品中透光单元可以由 2 层、3 层或更多层的玻璃构成，玻璃夹层中的空间则可填充惰性气体或气凝胶隔热材料，以降低玻璃单元的 U 值。低辐射释出（low-e）、具有反射性或覆着陶瓷釉料的膜层则被应用于玻璃表面，以减少太阳热得的穿透作用。玻璃本身也可着色，层压玻璃的内层覆膜可产生遮阳效果。铝制窗框可借由热隔断或热改善来提高单元的 U 值。目前市面上正在不断引进新型玻璃，以满足不同的功能、安全和美学需求。

衡量建筑立面特性的一个重要度量标准就是窗墙比（WWR），即立面中透光部分与不透光部分面积的比值。该比值是影响立面的太阳热得与能源消耗量的重要因素。因为即便是隔热性能良好的透光立面，其热阻值一般也会低于不透光立面，故在大多数情况下，窗墙比越高，则能耗也就越高。

为说明窗墙比与能耗的关系，图 2-8 ~ 图 2-19 介绍了位于美国的 12 座城市的北向办公空间的窗墙比对能耗的影响。每张图表均说明了在不同的主气候分区与子气候分区中，窗墙比分别为 20%、40%、60% 和 80% 的情况。所有案例中的室内空间特征（尺度、使用模式、设备与照明负荷）均相同，立面中不透光与透光部位的特性也都一致。每个案例中的不透光立面部分均依据 ASHRAE 90.1-2007 建议的最低隔热要求值进行设计，透光部分则出填充气体的玻璃单元组成，并采用低辐射释出（low-e）镀膜的清玻璃。同时，考虑到场地上的太阳辐射量还受到不同纬度的影响（以及其他环境状况的影响，如：阴天数），图表还标明了每座城市所处的纬度。

对于炎热型与温暖型气候区而言（图 2-8 ~ 图 2-12），提高窗墙比会增加太阳热得，最终导致制冷负荷的增加。然而,当窗墙比增加 300% 时(也即从 20% 增加到 80%),年均制冷负荷仅增加 33%(从约 36 ~ 48kBtu/ft^2)，如图 2-8 所示。造成该结果的原因至少有 3 个：首先，建筑立面不是决定建筑能耗的唯一要素。其他要素，包括屋顶构造、门的数量与使用频率，以及建筑使用者所产生的热负荷，均会对制冷负荷造成影响。其次，立面中不透光部分的隔热性能仅能满足 ASHRAE 标准的最低要求；而对于具有较高性能的墙体而言，提高窗墙比所产生的影响就不会那么明显。最后，这些图表并未说明因窗墙比提高后，可减少用在人工照明上的能源负荷量。对于混合型与寒冷型气候区而言（图 2-13 ~ 图 2-19），较高的窗墙比也会影响采暖负荷，尤其是位于寒冷型与严寒型气候区环境中的建筑。所有案例均说明，降低窗墙比（增加立面中不透光部位总量）可以提高能源效率。

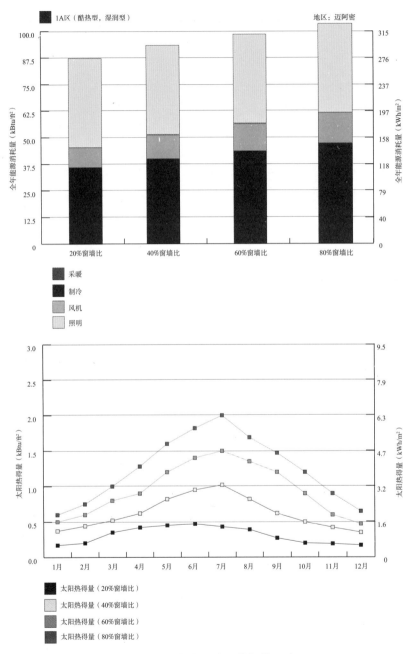

图 2-8　1A 气候区的窗墙比对于能耗和太阳热得的影响

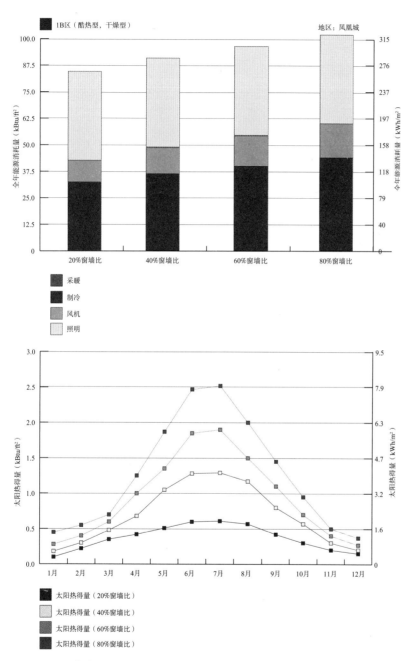

图 2-9　1B 气候区的窗墙比对于能耗和太阳热得的影响

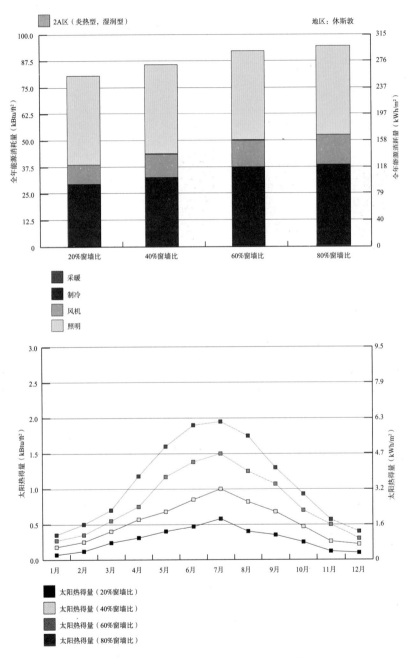

图 2-10　2A 气候区的窗墙比对于能耗和太阳热得的影响

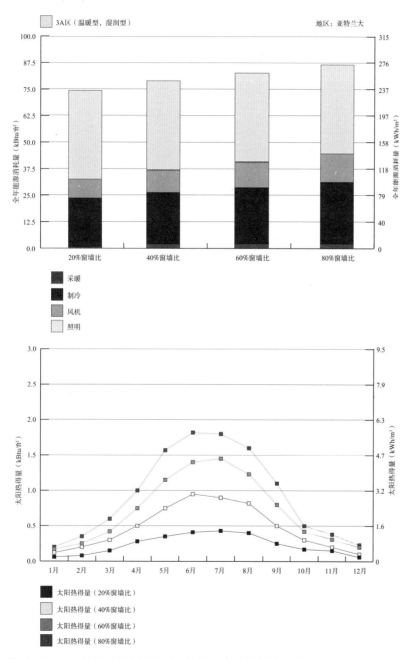

图 2-11　3A 气候区的窗墙比对于能耗和太阳热得的影响

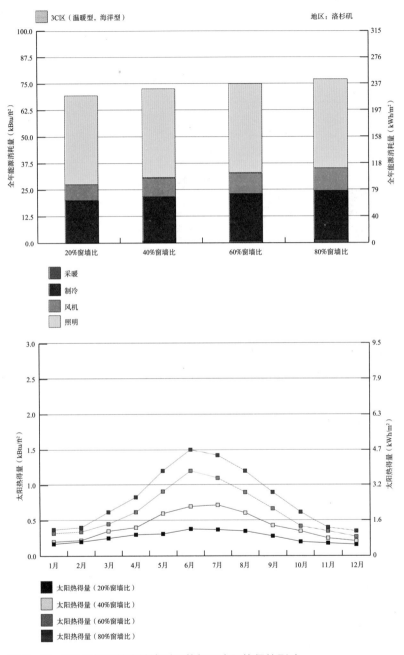

图 2-12 3C 气候区的窗墙比对于能耗和太阳热得的影响

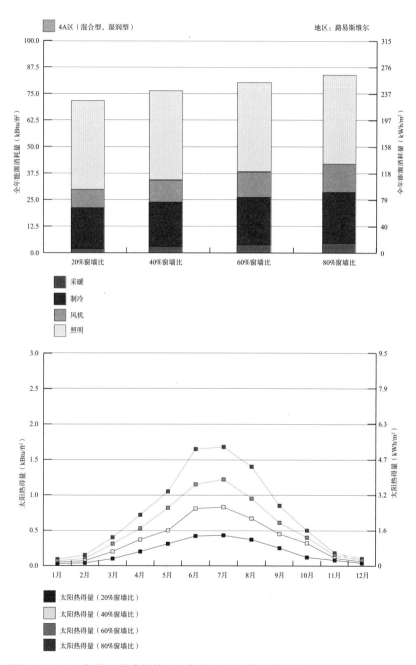

图 2-13　4A 气候区的窗墙比对于能耗和太阳热得的影响

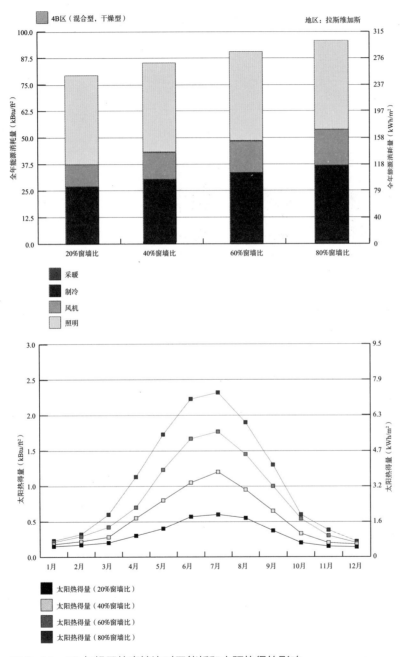

图 2-14　4B 气候区的窗墙比对于能耗和太阳热得的影响

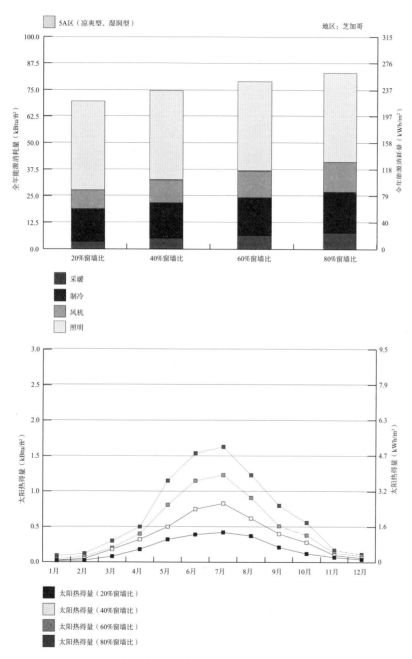

图 2-15　5A 气候区的窗墙比对于能耗和太阳热得的影响

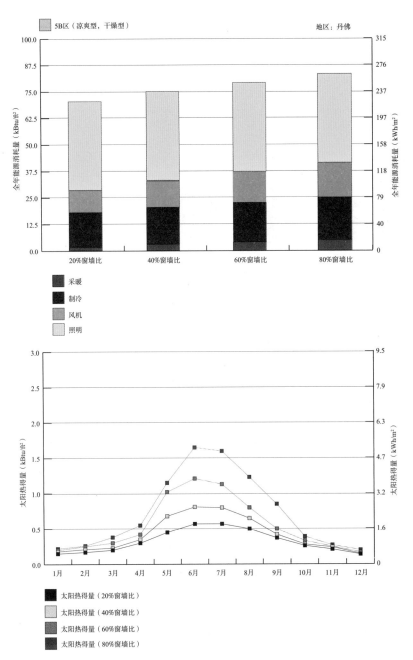

图 2-16 5B 气候区的窗墙比对于能耗和太阳热得的影响

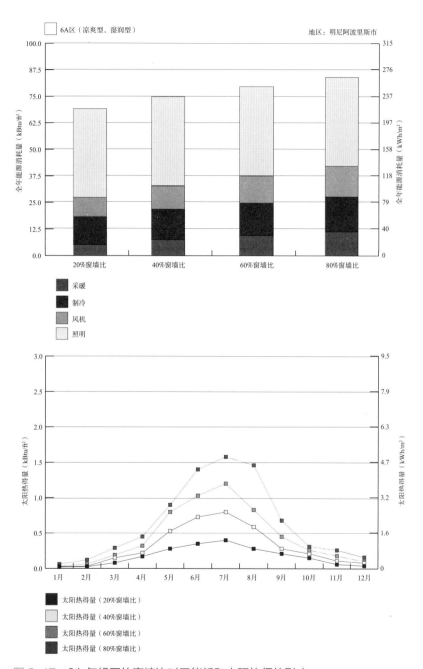

图 2-17   6A 气候区的窗墙比对于能耗和太阳热得的影响

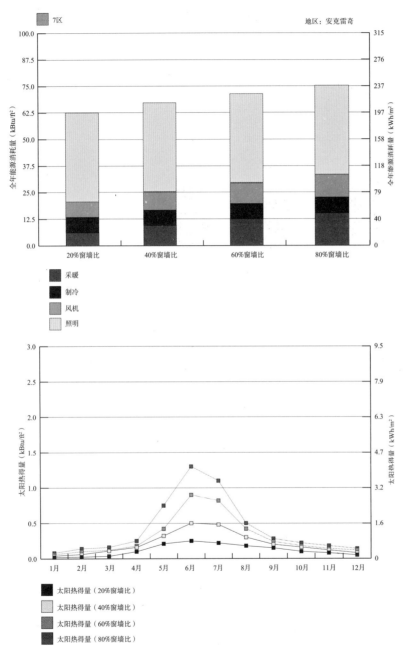

图 2-18 7 气候区的窗墙比对于能耗和太阳热得的影响

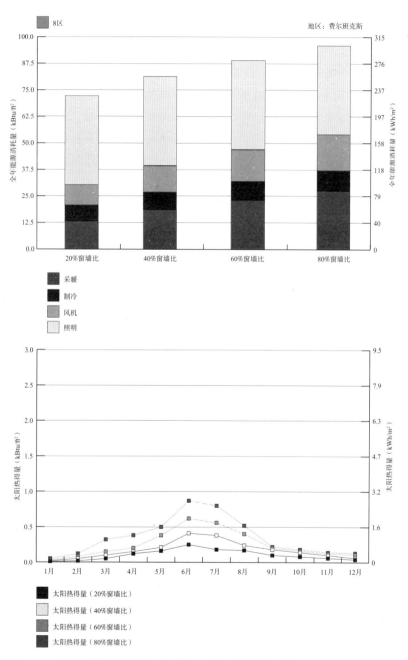

图 2-19　8 气候区的窗墙比对于能耗和太阳热得的影响

案例研究 2.2　赫克特·加西亚中学

赫克特·加西亚中学位于得克萨斯州（3A 区）的达拉斯。该学校被设计成东西朝向，因而需限制来自东西向的日晒（图 2-10 ～ 图 2-22）。教室均集中布置在建筑的北侧，故其对能源的需求具有一致性。该朝向还可避免教室受到来自南向、东向和西向的暴晒，从而尽可能地降低建筑的制冷负荷。建筑北向立面的窗墙比为 70%，可确保从室外获得有效的日光和良好的对外视线。2 层和 3 层的立面部分是一道 2 层通高的幕墙，该幕墙的材质采用了清玻璃与着色玻璃，底层立面则是具有金属框架的空心砖墙，并间隔设置带形长窗。

图 2-20　北向立面

大体量的教学空间和其他对自然光需求较低的建筑空间沿着建筑物的南向立面设置。该立面的窗墙比是 30%，使用了以下几种外墙系统：结合金属框的空心砖墙、金属板、铝板幕墙、橱窗型立面与孔洞型窗户。建筑设有深挑檐，以遮挡从南射向幕墙的阳光。

图 2-21　南向立面

　　建筑的东、西向立面主要由空心砖墙砌筑而成。该设计尽可能地减少东西向立面的开口，东向立面的窗墙比维持在0%，西向立面的窗墙比维持在10%。

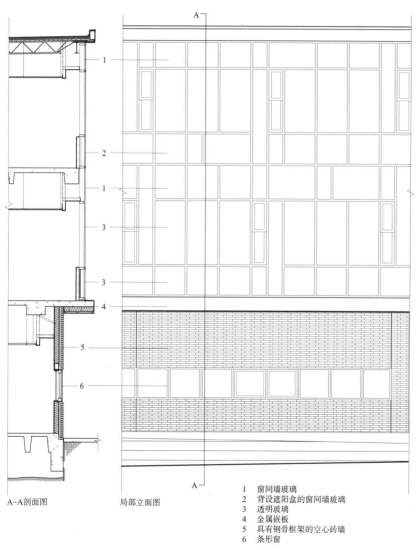

A–A剖面图　　　　局部立面图

1　窗间墙玻璃
2　背设遮阳盒的窗间墙玻璃
3　透明玻璃
4　金属嵌板
5　具有钢骨框架的空心砖墙
6　条形窗

图2-22　北向立面的剖面与立面图

立面类型与材料

不透光型建筑立面

砖饰立面墙由单层非结构性砖砌体构成，以冷轧钢框架（图 2-23）或混凝土砌体单元（CMU）墙（图 2-24）作为支承。位于外部装饰面层与内部支承系统之间的空气间层或说空腔，可作为排水通道使用，使得通过外部饰面层渗入的水分由空气间层的底部排出。无论是设在空气间层内的刚性隔热层，还是钢框架构件之间的纤维隔热层，均能改善墙体的热工性能。当砖饰面以混凝土砌体单元墙作为支承时，隔热层就应当设在混凝土砌体单元墙的外侧（图 2-24）。

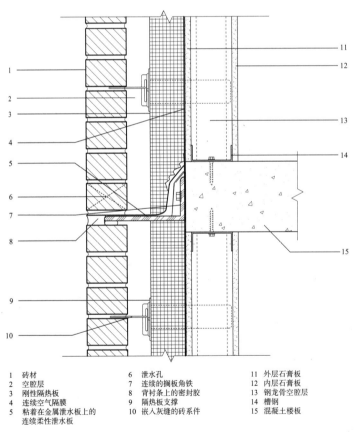

1 砖材	6 泄水孔	11 外层石膏板
2 空腔层	7 连续的搁板角铁	12 内层石膏板
3 刚性隔热板	8 背衬条上的密封胶	13 钢龙骨空腔层
4 连续空气隔膜	9 隔热板支撑	14 槽钢
5 粘着在金属泄水板上的连续柔性泄水板	10 嵌入灰缝的砖构件	15 混凝土楼板

图 2-23　以钢框架为支承的空心砖墙剖面详图

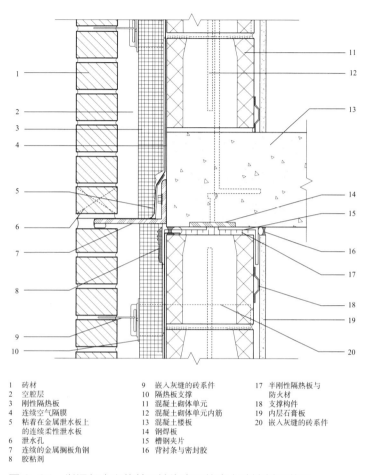

1　砖材
2　空腔层
3　刚性隔热板
4　连续空气隔膜
5　粘着在金属泄水板上
　　的连续柔性泄水板
6　泄水孔
7　连续的金属搁板角钢
8　胶粘剂
9　嵌入灰缝的砖系件
10　隔热板支撑
11　混凝土砌体单元
12　混凝土砌体单元内筋
13　混凝土楼板
14　钢焊板
15　槽钢夹片
16　背衬条与密封胶
17　半刚性隔热板与
　　防火材
18　支撑构件
19　内层石膏板
20　嵌入灰缝的砖系件

图 2-24　以混凝土砌体单元墙为支承的空心砖墙剖面详图

　　混凝土立面可分为多种类型：作为内部结构的覆面材料使用的预制混凝土板（图 2-25）、现浇混凝土墙与夹层浇筑的混凝土面板。

　　此外，混凝土立面的其他类型还包括混凝土隔热板（ICFs）与混凝土隔热砌块（ICB）。混凝土隔热板（ICFs）是由现浇混凝土模板的挤塑或膨胀聚苯乙烯板所组成的，并在聚苯乙烯板的内外侧均覆有装饰面层。这种类型的立面通常用于居住建筑或小型商业建筑。隔热混凝土砌块（ICB）则是两侧均覆有膨胀聚苯乙烯的混凝土砌体单元。

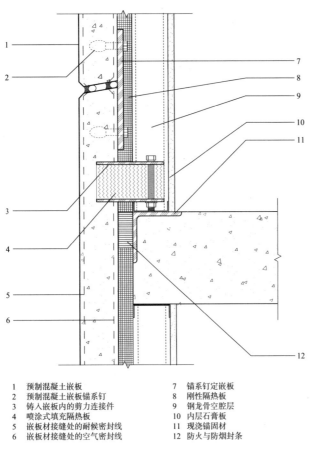

1 预制混凝土嵌板   7 锚系钉定嵌板
2 预制混凝土嵌板锚系钉   8 刚性隔热板
3 铸入嵌板内的剪力连接件   9 钢龙骨空腔层
4 喷涂式填充隔热板   10 内层石膏板
5 嵌板材接缝处的耐候密封线   11 现浇锚固材
6 嵌板材接缝处的空气密封线   12 防火与防烟封条

图 2-25   以钢骨框支承的预制混凝土板剖面详图

案例研究 2.3   肯德尔学术援助中心，迈阿密达德学院

肯达尔学术援助中心（图 2-26 ~ 图 2-30）坐落于迈阿密达德学院校园内。该建筑项目的空间功能包括教室、学生资助和行政管理空间，并利用中庭将管理区域与学习空间进行连接。

建筑物的南向立面由薄壳预制混凝土板组成。立面上窗户的尺寸与位置根据对自然采光的分析决定（图 2-27）。

图 2-26　南向立面效果图

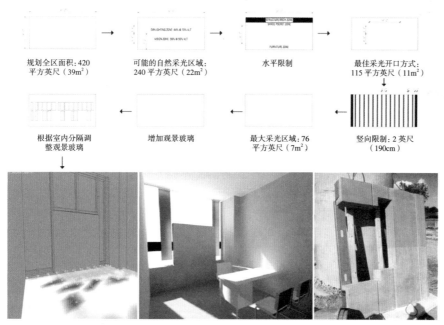

图 2-27　利用日光分析决定预制混凝土板上的开窗特征

薄壳预制混凝土板，是在轻型冷轧钢框架上，浇筑大约 2 英寸（50mm）厚的混凝土而制成的板材。混凝土具有耐久性，并能形成设计所需的立面外形。钢骨框架则为预制混凝土板提供结构支撑。这样制成的板材比标准预制板更轻，从而降低了结构框架材料设置、运输与安装方面的成本。板面上可使用的两种装饰面层为：用于结构柱的光滑装饰面层、用于底层立面的粗纹装饰面层。

为改善立面的热工性能，在薄壳预制混凝土板中还设有泡沫保温隔热层。

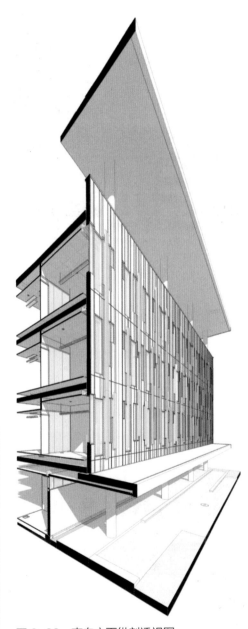

图 2-28　南向立面纵剖透视图

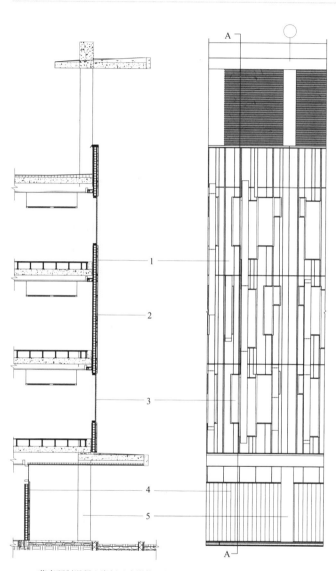

1　薄壳预制混凝土嵌板（光滑饰面）
2　泡沫保温隔热层
3　玻璃
4　薄壳预制混凝土嵌板（粗纹饰面）
5　混凝土柱

图 2-29　外墙剖面与部分南向立面

图 2-30 预制混凝土板的安装

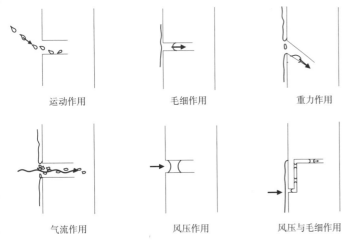

运动作用	毛细作用	重力作用
气流作用	风压作用	风压与毛细作用

图 2-31 雨水渗漏的作用力

防雨帘幕立面改变了使建筑室内免遭空气与潮湿渗入的传统方法。大多数非防雨帘幕立面系统依靠两道防线：第一道防线——立面的最外层表皮，是阻挡空气与潮湿的主要屏障，第二道防线则用来阻挡可能透过第一道防线的少量空气与水蒸气。

防雨帘幕的概念是对立面最外层采取与以往不同的利用方式，而不是将其设计得密不透风，致使空气和水分不能通过。相反，作为雨水的阻隔层，它依靠内部的耐候隔层来阻挡空气和水分的渗漏。图 2-31 说明了造成雨水渗漏的各种作用力。解决策略为通过设置在墙体内部的空气间层来控制由气压差形成的入水通道。位于内外层之间的可通风空腔层，能够将渗漏的水分排出墙外。该空腔层（包括空腔层内表面）为防止空气与水分渗漏的主要防线。

　　立面的外表皮主要选用覆面材料。覆面通常为挂板形式，可由不同的材料制成，比如石材、预制混凝土、陶土、水泥复合材料、结晶玻璃或金属。由于在结构完成后，结构内部是看不见的，因此在设计时不必考虑其视觉质量。但它必须能承受风荷载和地震荷载，并保证建筑的热学性能和声学性能，同时还要阻挡空气和水分进入建筑内部。图 2-32 展示了具有金属面层的背通风式防雨帘幕立面。

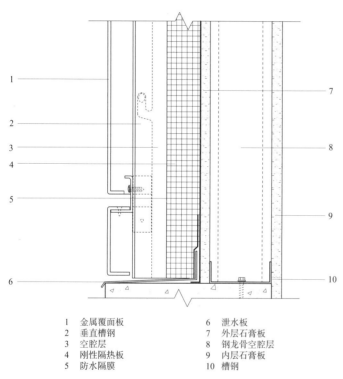

1	金属覆面板	6	泄水板
2	垂直槽钢	7	外层石膏板
3	空腔层	8	钢龙骨空腔层
4	刚性隔热板	9	内层石膏板
5	防水隔膜	10	槽钢

图 2-32　具有金属面层的背通风式防雨帘幕立面的剖面详图

　　另一种防雨帘幕概念为等压防雨帘幕（PER）。该方法要求内部空腔的气压与立面外部的气压达到平衡或趋近平衡，如图 2-33 所示。该方法可阻止空气和水分进入空腔。为达到压力平衡，作为通风孔的开口需要设置在立面的外表皮上。开口越大，内外气压就越容易达到平衡。如果 PER 设计合理，在综合平衡气压的作用与重力作用下，雨水就会落在墙体外侧。图 2-34 所示为具有金属面层和钢框架的等压防雨帘幕立面的构造。

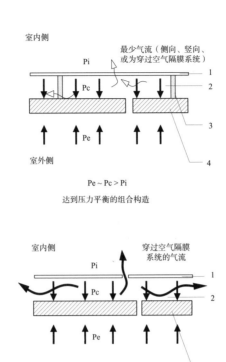

室内侧

Pi

最少气流（侧向、竖向、或为穿过空气隔膜系统）

Pc

1
2
3
4

室外侧

Pe ~ Pc > Pi

达到压力平衡的组合构造

1 空气隔膜系统平面
2 空腔层
3 空腔层分隔板
4 覆面材

Pe 室外气压
Pc 空腔气压
Pi 室内气压

室内侧

穿过空气隔膜系统的气流

Pi

Pc

1
2
4

Pe

室外侧

Pe > Pc > Pi

未达到压力平衡的组合构造

图 2-33   等压概念图解

透光型建筑立面

幕墙是一种轻质立面系统，常以连接在建筑主体结构上的铝挤型材为框架。幕墙不承受结构上的荷载，但需承受风荷载和自身荷载。图 2-35 ~ 图 2-36 说明了幕墙三个主要组成部分：窗梃、玻璃、窗间墙。根据生产与装配方法的不同，可将幕墙分成装配式与规格化两种系统。

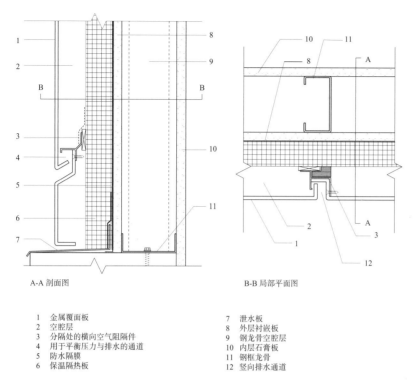

A-A 剖面图　　　　　　　　　　　　　B-B 局部平面图

1	金属覆面板	7	泄水板
2	空腔层	8	外层衬嵌板
3	分隔处的横向空气阻隔件	9	钢龙骨空腔层
4	用于平衡压力与排水的通道	10	内层石膏板
5	防水隔膜	11	钢框龙骨
6	保温隔热板	12	竖向排水通道

图 2-34　具有金属面层的钢框架等压防雨帘幕立面

　　将装配式幕墙系统中的各种构件——窗梃、玻璃和窗间墙嵌板，逐一有序地安装在建筑结构上，所形成的建筑表皮，如图 2-37 所示。该系统可通过玻璃的装配方式进一步细分为内装式和外装式。内装式幕墙可从建筑内部将玻璃安装在幕墙开口处；外装式幕墙则与之相反，只能从建筑外部对玻璃进行安装。外装式幕墙通常用于层数不高的建筑物的原因，是因为其更容易装配到建筑物外墙的外侧。

　　规格化幕墙系统则是在工厂中对玻璃进行组合、装配，以形成标准单元。这些标准单元通常为 1 窗格宽，1～2 层楼高。图 2-38 说明了整体式幕墙系统的主要构件。与装配式幕墙系统相比，规格化幕墙系统因主要构件都已经预先装配完成，其安装速度更快，费用更少。也是因为规格化幕墙系统基本在工厂中完成装配，故其对质量的管控以及性能方面都要优于装配式幕墙系统。

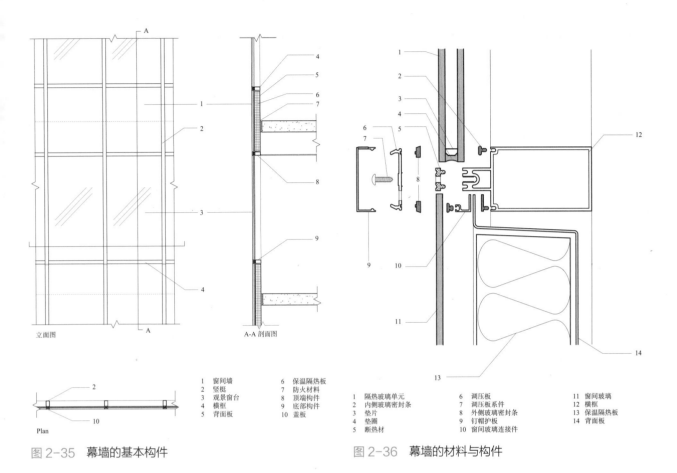

图 2-35　幕墙的基本构件

1 窗间墙	6 保温隔热板
2 竖框	7 防火材料
3 观景窗台	8 顶端构件
4 横框	9 底部构件
5 背面板	10 盖板

图 2-36　幕墙的材料与构件

1 隔热玻璃单元	6 调压板	11 窗间玻璃
2 内侧玻璃密封条	7 调压板系件	12 横框
3 垫片	8 外侧玻璃密封条	13 保温隔热板
4 垫圈	9 钉帽护板	14 背面板
5 断热材	10 窗间玻璃连接件	

　　幕墙装置的热性能取决于单个构件的设计与构件之间的协同工作，这些构件有：窗梃、透光材料部分、窗间墙单元、锚固 / 连接构件，以及边界接合处的密封材料。由于铝材的导热性非常高，故在幕墙装置中，铝制窗梃尤为容易导热。为提高铝制窗梃的隔热效能，需在设计中增加热隔断处理。热隔断由低导热性的材料制成，如：聚氨酯、氯丁橡胶或者改性聚酯尼龙。热隔断将窗梃的内外两侧，包括连接配件在内分隔开。如此，避免了立面上外部金属表皮与内部金属互相接触。还有一种名为"热改善性"的窗梃，其成本较低，但效率也较低。同样，这种窗梃也通过热隔断将窗梃的内外部分隔开，不同的是，该类窗梃中仍有连接件或其他构件穿过热隔断材料。这些连接部分的金属会产生直接接触作用，从而导致部分热量透过"热改善性"窗梃。

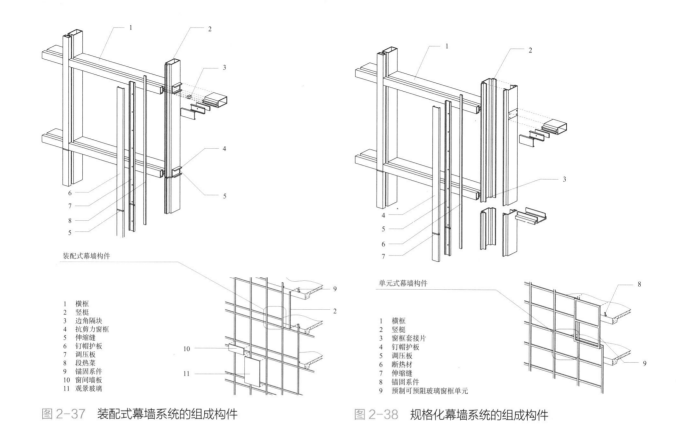

图 2-37 装配式幕墙系统的组成构件

图 2-38 规格化幕墙系统的组成构件

透光材料的类型在很大程度上决定了幕墙的性能。虽然清玻璃有利于采光、视线通透以及塑造建筑外形效果，但对建筑保温隔热与遮阳而言却十分不利。尽管如此，仍很多方法可改善幕墙系统中的玻璃性能。第一种方法运用了玻璃可完全着色的特性。着色度高的玻璃可阻挡大量的直接日射，但同时也会影响采光甚至阻隔视线。由于单一类型的单层玻璃——每类玻璃中均如此——几乎都不能有效地保温隔热，故在改善玻璃保温隔热性能的方式中，选用着色玻璃是成本最低但效率也最低的一种。

位于保温隔热玻璃单元中的两片玻璃被去湿的空气层所分隔，可明显地改善玻璃性能。因空气的导热性较差，因此，双层玻璃的热学特性显著优于单层玻璃。若想进一步提高玻璃性能，可通过增加玻璃层数（与空气间层数）来实现。三层玻璃的性能就比双层玻璃更好，然而将双层改为三层时，玻璃性能的提升幅度会低于将单层改为双层。所以，分析成本收益十分必要，可确定设置三层玻璃所提高的性能是否可平衡增加的费用。其他材料，如：氩气、透明二氧化硅气凝胶都可取代双层玻璃中的空气间层，从而改善玻璃单元的保温隔热性能。

玻璃上涂层的使用，可改善其热工性能和透光效能。玻璃表面的低辐射释出（low-e）镀膜可阻挡并反射部分阳光（从而使玻璃看起来更暗且更具反光性）。生产厂家运用改善镀膜材料的配方和优化镀膜的方式，不断推出效能更高且更加纯净的低辐射释出玻璃（low-e 玻璃）。但低辐射释出（low-e）镀膜容易受损，故需对其采取保护措施，也正如此，其只适用于保温隔热玻璃单元的内表面。双层玻璃保温隔热单元的各层玻璃表面，通常会用一个数字来标明，比如：玻璃单元外侧为 1 号表面，建筑内侧为 4 号表面。据此，低辐射释出（low-e）镀膜应设在 2 号或 3 号表面。

另一种广泛使用的膜层是陶瓷釉料，它可以形成不同的透明度，并根据玻璃的不同特性采取不同的覆着方式。覆着 50% 不透明釉料的玻璃，可遮挡的直射阳光是未上釉玻璃的两倍。由于陶瓷釉料是通过烧制而覆着于玻璃表面的，故其持久耐用，且无需采取与低辐射释出（low-e）镀膜相同的保护措施。虽然釉料可覆着在所有的玻璃表面，但设计者必须知道，所有的玻璃，就算是最为透明的玻璃，都有其固有的颜色。如果釉料覆着在 4 号表面，则从玻璃中反射出去的光线必须穿过 4 层玻璃面。

3 种最常见的玻璃安装方式分别为：外挂扣板法、设置挡块法、结构硅胶粘接法（图 2-39）。采用外挂扣板时，要在合适的位置设置压板以托住玻璃。压板被螺丝钉固定在窗梃上，用来压住玻璃和窗梃间的衬垫或是玻璃密封条。阻隔空气和水分的真正屏障在于内部的密封条，尽管如此，仅外部衬垫就能做到阻止大部分水分进入内部。设置挡块法，是指在室内或室外合适的位置上，通过设置挡块以卡住玻璃。采用室内设置挡块法时，人们可在建筑内部更换玻璃，这种方式有利于建筑物的维护。在用结构硅胶粘合时，可只粘合玻璃的两边，也可在 4 边都粘合。若只粘合两边，则玻璃的水平边缘或者垂直边缘被结构硅胶粘合在窗梃上，没有粘合的另外两边一般会采用压板做机械式固定。若采用 4 边都粘合的方式，那么玻璃的四条边均被结构硅胶粘合在窗梃上。

玻璃幕墙的不透明区域中包括窗间墙。窗间墙是一条水平向的不透明幕墙带，穿插于连续的玻璃带之间。窗间墙是幕墙中保温隔热性能最好的部位，因此增大其面积可以改善立面的整体性能。窗间墙有 4 种类型：实板材料、背喷涂型玻璃、釉面遮阳盒和百叶窗。

很多实板材料都可用作窗间墙，最常见的是金属嵌板。这种板材可整合为一体作为保温隔热层，也可以在背后分层设置保温隔热层。

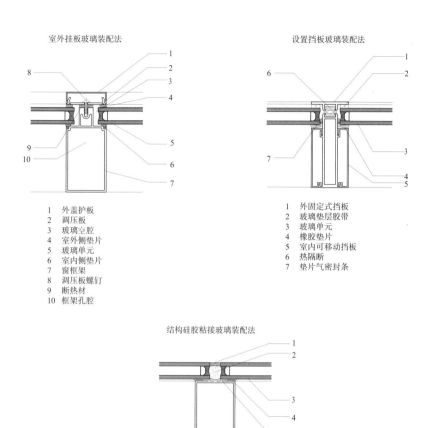

室外挂板玻璃装配法

1	外盖护板
2	调压板
3	玻璃空腔
4	室外侧垫片
5	玻璃单元
6	室内侧垫片
7	窗框架
8	调压板螺钉
9	断热材
10	框架孔腔

设置挡板玻璃装配法

1	外固定式挡板
2	玻璃垫层胶带
3	玻璃单元
4	橡胶垫片
5	室内可移动挡板
6	热隔断
7	垫片气密封条

结构硅胶粘接玻璃装配法

1	外侧硅胶密封条
2	背衬条
3	玻璃单元
4	硅胶兼容垫片
5	结构硅胶

图 2-39　不同的玻璃装配方式和窗框类型

　　背覆膜型玻璃既可作为单层玻璃使用，也可成为一个隔热单元。不管为何种方式，玻璃的内表面均需覆着陶瓷釉料，以形成不透明的窗间墙。无论是单层还是双层，都需另设一道隔热层来改善整体的隔热性能。

　　遮阳盒则是设置在玻璃背后涂过漆的金属盒。设置遮阳盒的目的是让窗间墙的空间感更为明显。一个有着足够进深的金属盒，在漆上精心选择的颜色后，就能产生接近遮阳盒的假想效果。需注意的是，保温隔热层则应设置在遮阳盒的背后。

　　窗间墙中的百叶窗可引入新鲜空气，排出室内废气，故具有功能性；也可在其背后设置某种形式的固体材料，使之具有装饰性的特征。功能性百叶窗一般用于机房附近，因此它们会充分连接到保温隔热的建筑室内系统之上。装饰性百叶窗则需在背部加设保温隔热层。

　　橱窗型立面主要用于一层或二层的建筑立面上。它类似于建筑幕墙，也由铝制框架和玻璃构件构成，不承受明显的结构荷载。然而，它的装配和框架构件与幕墙不同，性能标准也不如幕墙那么严格，比如：框架尺寸较小，垫层也可能会使用不同的材料（橱窗型立面中使用乙烯树脂，而幕墙中则使用硅胶）。

材料和性能

立面材料与构件特性

　　在可持续性立面的设计过程中，材料的选择是一个重要的环节。所有的材料都有其特定的物理特性，如：密度、导热性、热阻与渗透性。在选择保温隔热材料时要考虑其热阻，而在选择气密材料时则要考虑其渗透性。表 2-1 列举了一些不透光建筑立面的建筑材料的热阻值（R 值）。不透光建筑立面的额定热阻值可通过对每层材料，包括空气间层的 R 值求和获得。

不透光建筑立面的主要组成构件热阻值　　　　　　　　　　　　　表 2-1

材料	热阻值（h-ft²-℉/Btu）	热阻值（m²·°K/W）
砖	每英寸 0.1 ~ 0.4	0.68 ~ 2.77
CMU，8 英寸（200mm）	1.11 ~ 2.0	0.20 ~ 0.35
CMU，12 英寸（300mm）	1.23 ~ 3.7	0.22 ~ 0.65
混凝土（沙和碎石骨料）	每英寸 0.05 ~ 0.14	0.35 ~ 0.99
混凝土（石灰石骨料）	每英寸 0.09 ~ 0.18	0.62 ~ 1.26
掺轻质骨料的混凝土	每英寸 0.11 ~ 0.78	0.76 ~ 5.40
石材（石英石和砂石）	每英寸 0.01 ~ 0.08	0.10 ~ 0.53
石材（石灰石，大理石和花岗岩）	每英寸 0.03 ~ 0.13	0.23 ~ 0.90
矿物油毡保温隔热层，6 英寸（150mm）	22	3.67
发泡聚苯乙烯保温层	每英寸 5	34.7

续表

材料	热阻值（h·ft²·℉/Btu）	热阻值（m²·℃·K/W）
喷雾泡沫	每英寸 6.25	43.3
石膏板，0.500 英寸（12.7mm）	0.45	0.08
石膏板，0.625 英寸（15.9mm）	0.56	0.10

来源：@2005，ASHRAE（www.ashrae.org）。ASHRAE 基础手册第 25 章（2005）同意授权使用

表 2-2 计算了 5 种装饰面墙的热阻值。每种墙体的总 R 值，都是通过对各层材料的热阻值（由该材料的单位厚度 R 值乘以其总厚度）求和获得。表 2-2 对比了支承墙体的不同组合：CMU 墙与钢筋排列间距分别为 16 英寸（406mm）和 24 英寸（610mm）的冷轧钢框架。用于这 5 种墙体的保温隔热材料为刚性岩棉毡保温隔热材、改性聚苯乙烯保温隔热材或矿棉保温隔热材。这 5 种组合墙构件如下：

- 组合型 1：以 CMU 墙支承，设有刚性棉毡保温隔热层的砖饰面墙；
- 组合型 2：以 CMU 墙支承，设有聚苯乙烯保温隔热层的砖饰面墙；
- 组合型 3：以冷轧钢框架（16 英寸或 406mm）为支承，框架空腔内设置刚性矿棉保温隔热层的砖饰面墙；
- 组合型 4：以冷轧钢框架（16 英寸或 406mm）为支承，框架空腔内喷涂泡沫保温层的砖饰面墙；
- 组合型 5：以冷轧钢框架（24 英寸或 610mm）为支承，框架空腔内设置刚性矿棉保温隔热材的砖饰面墙。

组合墙体 R 值的计算结果　　　　　　表 2-2

组合墙材料	R 值（h·ft²·℉/Btu）	R 值（m²·℃·K/W）
组合型 1：以 CMU 墙支承，设有刚性棉毡保温隔热层的砖饰面墙		
4 英寸（100mm）砖贴面	4 英寸 ×0.20/ 英寸 =0.80	0.14
2 英寸（50mm）空气间层	2 英寸 ×0.56/ 英寸 =1.13	0.20
3 英寸（75mm）刚性岩棉毡保温隔热层	11.00	1.95
空气和蒸汽隔层	0	0
8 英寸（200mm）CMU	1.11	0.20
0.625 英寸（15.9mm）内侧石膏板	0.56	0.10
总 R 值	14.60	2.59

续表

组合墙材料	R 值（h-ft²- °F/Btu）	R 值（m²-°K/W）
组合型 2：以 CMU 墙支承，带有聚苯乙烯保温隔热层的砖饰面墙		
4 英寸（100mm）砖贴面	4 英寸 ×0.20/ 英寸 =0.80	0.14
2 英寸（50mm）空气间层	2 英寸 ×0.56/ 英寸 =1.13	0.20
3 英寸（75mm）膨胀聚苯乙烯保温隔热层	3 英寸 ×5/ 英寸 =15.00	2.66
空气和蒸气隔层	0	0
8 英寸（200mm）CMU	1.11	0.20
0.625 英寸（15.9mm）内侧石膏板	0.56	0.10
总 R 值	18.60	3.30
组合型 3：以冷轧钢框架（16 英寸或 406mm）为支承，框架空腔内设置刚性矿棉保温隔热层的砖饰面墙		
4 英寸（100mm）砖贴面	4 英寸 ×0.20/ 英寸 =0.80	0.14
2 英寸（50mm）空气间层	2 英寸 ×0.56/ 英寸 =1.13	0.20
3 英寸（75mm）刚性矿棉保温隔热层	3 英寸 ×4/ 英寸 =12.00	2.12
空气和蒸气屏障	0	0
0.5 英寸（12.7mm）外侧石膏板	0.45	0.08
6 英寸（150mm）框架内腔填充岩棉保温隔热材	7.10*	1.26
0.625 英寸（15.9mm）内侧石膏板	0.56	0.10
总 R 值	22.04	3. 90
组合型 4：以冷轧钢框架（16 英寸或 406mm）为支承，框架空腔内喷涂泡沫保温层的砖饰面墙		
4 英寸（100mm）砖贴面	4 英寸 ×0.20/ 英寸 =0.80	0.14
2 英寸（50mm）空气间层	2 英寸 ×0.56/ 英寸 =1.13	0.20
0.5 英寸（12.7mm）外侧石膏板	0.45	0.08
6 英寸（150mm）冷轧钢框架，内腔喷涂 3 英寸（75mm）泡沫保温层	19.80*	3.50
0.625 英寸（15.9mm）内侧石膏板	0.56	0.10
总 R 值	22.29	3.94
组合型 5：以冷轧钢框架（24 英寸或 610mm）为支承，框架空腔内设置刚性矿棉保温隔热材料的砖饰面墙		
4 英寸（100mm）砖贴面	4 英寸 ×0.20/ 英寸 =0.80	0.14
2 英寸（50mm）空气间层	2 英寸 ×0.56/ 英寸 =1.13	0.20
3 英寸（75mm）刚性矿棉保温隔热层	3 英寸 ×4/ 英寸 =12.00	2.12
空气和蒸气隔层	0	0
0.5 英寸（12.7mm）外侧石膏板	0.45	0.08
6 英寸（150mm）框架内腔填充棉毡保温隔热层	8.60*	1.52
0.625 英寸（15.9mm）内侧石膏板	0.56	0.10
总 R 值	23.54	4.16

* 注：框架内腔填充保温材的 R 值，源于 ASHARE 标准 90.1-2007（用于测定带有金属框架墙体热阻值的保温校正系数）

简易的叠加法并不适用于冷轧钢框架的立面。因为在这种立面中，钢构件的导热值较高而热阻值较低，这与位于构件之间的保温隔热层相比，情况有很大不同。于是出现了分区法来计算该状况下的 R 值。例如：以钢框架为支承的砖饰面墙可分为两个部分：一部分为钢框架，另一部分则位于钢框架之间。每个部分的热阻值均可通过叠加法计算获得。通过计算各区域的 R 值与相应的校正系数，就能测定该立面的总热阻值。

当高导热性材料（比如金属支撑材）穿过立面中的保温隔热层时，墙体内就会出现热桥效应，这会影响墙体的整体热工性能。所有的立面均有可能出现热桥效应。幕墙中具有较高导热性的铝制框架无法隔热，容易让热量在墙内外传递，进而削弱立面的整体热效能。当不透光立面出现明显的热桥效应时，墙体的有效 R 值就会低于额定 R 值。图 2-40 说明了砖饰面墙的额定 R 值与有效 R 值的差异。图中的砖饰面墙有 3 种支撑结构：竖向 Z 字形拉杆、水平 Z 字形拉杆与金属系材。这 3 种墙体均设有空气保温隔热层，而并非在框架空腔内填充保温隔热材料。当 Z 字形拉杆或者金属系材穿过保温隔热层时，墙体内就会出现热桥效应。墙体的额定热阻值与有效热阻值可能产生明显差异（Lawton 等，2010）。例如：带有竖向 Z 字形拉杆的砖饰面墙，其额定 R 值为 33h-ft^2-$^\circ$F/Btu（5.8m^2-$^\circ$K/W），而热桥效应则导致其有效 R 值仅为 10.6h-ft^2-$^\circ$F/Btu（5.8m^2-$^\circ$K/W）。

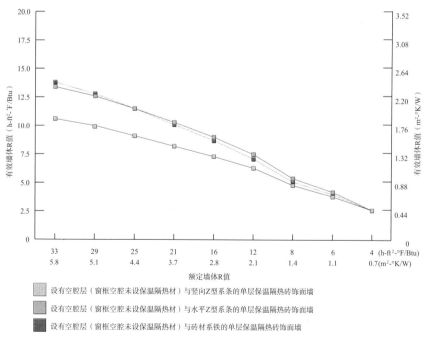

图 2-40　单层保温隔热砖饰面墙中热桥效应对其热阻的影响

　　带有金属系材或水平 Z 字型拉杆的砖饰面墙，尽管其有效 R 值较额定 R 值均有所减小，但其性能仍要优于带竖向 Z 字型拉杆的砖饰面墙。

　　图 2-41 说明了双层保温隔热砖饰面墙中额定 R 值与有效 R 值的差别——在保温隔热层中，有一层是带有空气间层的刚性保温隔热层，而另一层则是填充在钢框架之间的油毡保温隔热层。

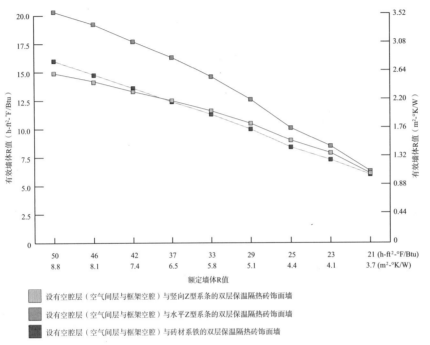

图 2-41　双层保温隔热砖饰面墙中热桥效应对其热阻的影响（摘自 Lawton，2010）

　　对于透光型立面而言，必须考虑透光材料单元的热学特性和光学特性。这些性能包括太阳热得系数（SHGC）、遮阳系数（SC）、通视率（Tv）和光致热得比（LSG）。

　　太阳热得系数（SHGC）用来表示透过玻璃的太阳辐射量，用 0 ~ 1 之间的数值来表示，0 表示没有太阳辐射透过，1 表示全部透过。低辐射释出（low-e）镀膜能明显地减少所吸收的太阳辐射热量，从而降低各种玻璃的 SHGC 值。

　　在所有情况下，热桥效应对材料的热阻均会造成不利影响。例如：双层保温层的砖饰面墙，其额定 R 值为 50 h-ft²- °F/Btu（8.8m²-°K/W），当设有 Z 字型拉杆时，其有效 R 值则为 14.9 h-ft²- °F/Btu（2.6m²-°K/W）。尽管设有水平拉杆墙体的性能优于其他两种墙体，但其 R 值仍会明显下降。

对于由不同 R 值的材料所构成的墙体系统而言，在测定其热工性能时，R 值是最需要考虑的因素。而对于透光材料立面而言，则使用导热系数，或者称为 U 值，来表示其热工性能。因为 U 值与 R 值成反比，故 U 值降低，玻璃墙面的热工性能反而提高。透光材料立面的 U 值采用面积衡量法计算获得，需分成 3 部分计算：框架部分、玻璃中心部分，以及玻璃周边部分，即距框架约 2.5 英寸（64mm）的范围内。通常玻璃中心部分的 U 值最低，高导热性金属框架处的 U 值最高。测定整体 U 值的方法则由国家门窗评级协会（NFRC）来制定（NRFC，2010）。

选用高效能玻璃或设计低导热性的结构框架可以降低整体 U 值。若要改善玻璃单元的保温隔热性能，可以通过增加玻璃层数来实现，或在玻璃之间填充惰性气体，如用氩气或氪气替代空气。在结构玻璃单元中设置能够保温隔热的铝制框架，或者在外层玻璃与金属框架之间设置硅胶层，都能减少透过玻璃立面的热量。表 2-3 列出了不同幕墙与不同玻璃的 U 值，包括保温隔热玻璃单元的玻璃中心部分、玻璃边角部分、填充不同气体（空气、氩气、氪气）的总 U 值，以及不同厚度的保温层和不同类型的窗框系统的 U 值。

不同类型幕墙的导热系数　　　　　　　　　　　　　　　　　表 2-3

玻璃类型	仅为玻璃的 U 值（Btu/h-ft²-℉）与（W/m²-°K）		基于框架类型的幕墙整体 U 值（Btu/h-ft²-℉）与（W/m²-°K）		
	玻璃中心部分	玻璃边角部分	不设隔热材的铝框	设隔热材的铝框	结构性玻璃
双层玻璃					
1/4 英寸（6mm）空气间层	0.55（3.12）	0.64（3.63）	0.79（4.47）	0.68（3.84）	0.63（3.59）
1/2 英寸（12mm）空气间层	0.48（2.73）	0.59（3.36）	0.73（4.14）	0.62（3.51）	0.57（3.26）
1/4 英寸（6mm）氩气填充	0.51（2.90）	0.61（3.48）	0.75（4.28）	0.64（3.65）	0.60（3.26）
1/2 英寸（12mm）氩气填充	0.45（2.56）	0.57（3.24）	0.70（3.99）	0.59（3.36）	0.55（3.11）
双层低辐射释出（Low-e）玻璃（涂层覆于 2 号或 3 号玻璃面）					
1/4 英寸（6mm）空气间层	0.45（2.56）	0.57（3.24）	0.70（3.99）	0.59（3.36）	0.55（3.11）
1/2 英寸（12mm）空气间层	0.35（1.99）	0.50（2.83）	0.62（3.50）	0.51（2.87）	0.46（2.63）
1/4 英寸（6mm）氩气填充	0.38（2.16）	0.52（2.96）	0.64（3.65）	0.53（3.02）	0.49（2.77）
1/2 英寸（12mm）氩气填充	0.30（1.70）	0.46（2.62）	0.57（3.26）	0.46（2.63）	0.42（2.38）

续表

玻璃类型	仅为玻璃的 U 值（Btu/h-ft²-℉）与（W/m²-℃K）		基于框架类型的幕墙整体 U 值（Btu/h-ft²-℉）与（W/m²-℃K）		
	玻璃中心部分	玻璃边角部分	不设隔热材的铝框	设隔热材的铝框	结构性玻璃
三层低辐射释出（Low-e）玻璃（涂层覆于 2 号、3 号、4 号或 5 号玻璃面）					
1/4 英寸（6mm）空气间层	0.33（1.87）	0.48（2.75）	0.59（3.34）	0.48（2.73）	0.42（2.41）
1/2 英寸（12mm）空气间层	0.25（1.42）	0.42（2.41）	0.52（2.95）	0,41（2.33）	0.35（2.02）
1/4 英寸（6mm）氩气填充	0.28（1.59）	0.45（2.54）	0.54（3.09）	0.44（2.48）	0.38（2.16）
1/2 英寸（12mm）氩气填充	0.22（1.25）	0.40（2.28）	0.49（2.80）	0.38（2.19）	0.33（1.87）
四层低辐射释出（Low-e）玻璃（涂层覆于 2 号或 3 号、4 号或 5 号玻璃面）					
1/4 英寸（6mm）空气间层	0.22（1.25）	0.40（2.28）	0.49（2.80）	0.38（2.19）	0.33（1.87）
1/2 英寸（12mm）空气间层	0.15（0.85）	0.35（1,96）	0.43（2.45）	0.32（1.84）	0.27（1,52）
1/4 英寸（6mm）氩气填充	0.17（0.97）	0.36（2.05）	0.45（2.55）	0.34（1.94）	0.29（1.62）
1/2 英寸（12mm）氩气填充	0.12（0.68）	0.32（1.83）	0.41（2.31）	0.30（1.69）	0.24（1.38）
1/4 英寸（6mm）氪气填充	0.12（0.68）	0.32（1.83）	0.41（2.31）	0.30（1.69）	0.24（1.38）

来源：@2005，ASHRAE（www.ashrae.org）。ASHRAE 基础手册第 31 章（2005）同意授权使用

　　遮阳系数（SC）是指某一玻璃系统的 SHGC 与所参照的清玻璃的 SHGC 之比。它只能量测直接太阳辐射量，不能量测太阳辐射加热玻璃后辐射温度所产生的影响。

　　通视率（Tv）指透过玻璃的可见光能总量，以 0% ~ 100% 的百分数来表示。透光单元的通视率（Tv）越高，则可透过的可见光也就会越多。然而，高通视率（Tv）并非适宜，原因在于高通视率（Tv）意味着高 SHGC，因此设计者必须在建筑采光与阻挡太阳辐射间寻求平衡关系。图 2-42 说明了在 5 家玻璃厂商生产的低辐射释出（low-e）镀膜玻璃中，这两种属性之间的关系。

　　光致热得比（LSG）是指玻璃吸收的太阳辐射热量与透过玻璃的光照量之比。某种玻璃产品的光致热得比（LSG）可以通过 SHGC 除以通视率（Tv）获得。因为在较为寒冷的气候环境中，所获取的部分太阳热量有利于被动式采暖，故光致热得比（LSG）低的立面较为有利。而在较为温暖的气候环境中，为保持尽可能低的太阳热得量，使用光致热得比（LSG）高的立面则更为适宜。在该气候区中，应当选用光致热得比（LSG）在 1.25 及以上的选择性透光玻璃作为可持续性立面的材料。

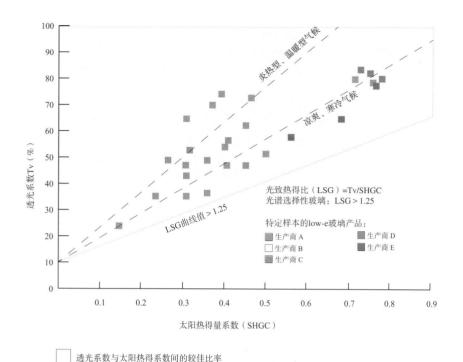

透光系数与太阳热得系数间的较佳比率

图 2-42 LSG 系数作为平衡指标，衡量玻璃透射光量和蓄热量

具有集成遮阳装置的幕墙与覆着陶瓷釉料层的玻璃，可进一步地降低室内太阳热得与能源消耗。精心设计的遮阳装置可在改善室内采光的同时，降低建筑的热得峰值和制冷需求。建筑的遮阳装置应依据建筑的朝向来选择或设计。竖向遮阳装置，如竖向百叶或翼片主要适用于东西朝向。水平遮阳装置，如挑檐则适用于南向立面。而对于两者之间的朝向而言，则需综合使用水平与竖向构件。活动式遮阳系统比固定式更为有效，原因在于它们可以依据太阳轨迹运动做出适当的调节。然而，与固定式遮阳系统不同的是，活动式遮阳系统需不断保养，以保证其对太阳轨迹追踪控制的有效性。

虽然在玻璃上覆着陶瓷釉料层不如设置遮阳装置系统有效，但其成本较低。与遮阳系统可阻挡到达玻璃表面的直射光不同的是，釉面膜层在反射大部分直射光的同时，也使玻璃吸收了部分太阳能量并传入室内。

　　图 2-43 说明了位于混合湿润型气候区的办公建筑中，东南向立面幕墙的能耗情况。寒冷季节时，直射光的利用有利于室内采暖；但在温暖季节，则必须阻挡多余的太阳热得，故对该类气候类型中的建筑而言，其节能立面设计是个挑战。下图对比了位于东南朝向办公空间的 4 种幕墙设计方案。方案 4——组合使用了釉料膜面、水平挑檐、竖向翼板的外伸式框架与采光控制装置——相对于没有使用这些装置的方案 1，节省了近 50% 的能源消耗量。

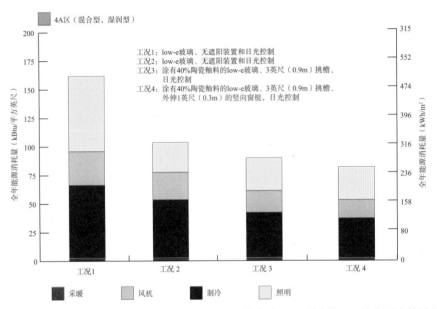

图 2-43　位于混合湿润型气候区的建筑遮阳策略（采用釉料膜面，结合适当的遮阳装置）以及日照控制对能耗的影响

材料中的潜藏能耗

　　前文讨论了建筑立面材料的物理属性中相关的热性能。此外，所选择的材料也会对环境产生影响。如今，选用那些能尽可能降低对环境造成不良影响的材料，已变得日益重要。生命周期评估方法可以用于测定材料选择对环境的影响，该方法可对材料的成分、生产方式、能源需求与产生的废弃物进行分析，从而确定材料的实际成本，并反映其对环境影响所产生的冲击的程度。国际标准化组织为这种生命周期分析方法制定了具体细则。（ISO，2006）

当选择可持续性立面材料时，设计人员应当考虑的另一个特性是能源的潜藏能耗。它是指材料生命周期中提取、加工、运输、安装与循环或废弃时所需能源的需求总量。潜藏能耗量通常以材料的每单位质量（磅或千克）或每单位体积（立方英尺或立方米）的兆焦（MJ）量来衡量。

表 2-4 比较了所选的各类材料的潜藏能耗。评估某种材料的潜藏能耗时需考虑多种因素，例如：下表中的能源需求，包括用以开采或收集原材料的能耗、运输原材料到加工厂的能耗、将原材料加工成为建筑产品的能耗，以及运输建筑产品到工地的能耗。当建筑拆毁时，也需考虑拆除或者循环使用这些材料的能耗。这些计算困难而复杂，并且包含了具体项目的很多变量：材料的开采加工地距离项目工地有多远？运输方式是什么？建筑预期寿命有多长？同时还有一些项目团队不能确定的变量等等。因此，表 2-4 所示的数值仅可用于常见种类材料的对比分析，但无法针对具体项目进行精确计算。

常见建筑立面材料的潜藏能耗　　　　表 2-4

材料	潜藏能耗量（MJ/lbs）	潜藏能耗量（MJ/kg）
铝		
铸造原料	497	226
回收铸造（33%）	55	25
挤塑原料	471	214
回收挤塑（33%）	75	34
轧制原料	477	217
回收轧制（33%）	62	28
砖材	6.6	3.0
水泥		
硅酸盐水泥	2.09	0.95
掺粉煤灰（6%～20%）	1.96～1.67	0.89～0.76
掺粉煤灰（21%～35%）	1.65～1.36	0.75～0.62
砂浆	0.49	0.22
混凝土		
普通混凝土	2.2	1.0
掺粉煤灰（15%）	2.13	0.97
掺粉煤灰（30%）	1.96	0.89
预制混凝土	3.3	1.5

续表

材料	潜藏能耗量（MJ/lbs）	潜藏能耗量（MJ/kg）
玻璃		
普通平板玻璃	33	15
磨砂玻璃	52	24
保温层		
玻璃纤维	62	28
矿棉	37	17
石膏板	195	87
聚氨酯	224	102
纤维板	44	20
改性玻璃纤维聚合物	220	100
聚氨酸酯	249	113
涂料	154	70
钢		
原料	78	35
回收加工料	21	9
不锈钢材料	125	57
石材		
花岗石	24	11
石灰石	3.3	1.5
大理石	4.4	2.0
砂岩	2.2	1.0
板条	0.2 ~ 2.2	0.1 ~ 1.0
木材		
一般木材	22	10
胶粘层压板	26	12
中密度纤维板（MDF）	24	11
定向刨花板（OSB）	33	15
胶合板	33	15
光伏太阳能板		
单晶硅材	10450	4750

续表

材料	潜藏能耗量（MJ/Ibs）	潜藏能耗量（MJ/kg）
多晶硅材	8954	4070
薄膜材	2871	1305

来源：碳与能源调查表（ICE），V.2（Hammond & Jones，2011）

在比较不同立面系统的潜藏能耗时，应当根据面积（平方英尺或平方米）而非体积或容积进行核算。立面中各构件与材料的潜藏能耗也必须予以考虑。表 2-5 比较了几种常见类型的外墙的平均潜藏能耗。

不同立面系统潜藏能耗比较表　　　　表 2-5

系统和构件	潜藏能耗量（MJ/ft²）	潜藏能耗量（MJ/m²）
CMU（混凝土砌块单元）		
砖覆面层、连续保温隔热材和聚乙烯薄膜	247	23.0
钢覆面层、连续保温隔热材和聚乙烯薄膜	370	34.4
预制混凝土覆面层、连续保温隔热材和聚乙烯薄膜	291	27.0
现浇混凝土		
砖覆面层、连续保温隔热材和油漆	113	10.5
钢覆面层、连续保温隔热材和油漆	236	21.9
灰泥覆面层、连续保温隔热材和油漆	99	9.2
钢框架（间距 16 英寸或 406mm）		
砖覆面层、连续保温隔热材、冷轧钢框架、腔内设保温隔热材和聚乙烯薄膜、石膏板和油漆	96	8.9
钢覆面层、连续保温隔热材、冷轧钢框架、腔内设保温隔热材和聚乙烯薄膜、石膏板和油漆	219	20.4
木材覆面层、连续保温隔热材、冷轧钢框架、腔内设保温隔热材和聚乙烯薄膜、石膏板和油漆	61	5.7
预制混凝土覆面层、连续保温隔热材、冷轧钢框架、腔内保温隔热材和聚乙烯薄膜、石膏板和油漆	141	13.1
钢框架（间距 24 英寸或 610mm）		
砖覆面层、连续保温隔热材、冷轧钢框架、腔内设保温隔热材和聚乙烯薄膜、石膏板和油漆	91	8.5

续表

系统和构件	潜藏能耗量（MJ/ft²）	潜藏能耗量（MJ/m²）
钢覆面层、连续保温隔热材、冷轧钢框架、腔内设保温隔热材和聚乙烯薄膜、石膏板和油漆	213	19.8
木材覆面层、连续保温隔热材、冷轧钢框架、腔内设保温隔热材和聚乙烯薄膜、石膏板和油漆	55	5.1
预制混凝土覆面层、连续保温隔热材、冷轧钢框架、腔内设保温隔热材和聚乙烯薄膜、石膏板和油漆	135	12.5
幕墙		
透光玻璃和框架	148	13.8
不透光玻璃	159	14.8
金属窗间墙	138	12.8

来源：雅典娜可持续材料协会，以上数据通过商业套装软件 Eco Calculator 计算获得

热性能和抗湿性

热传、空气和水分运动的控制

立面的热传遵循一条基本物理定律：热量从温度高的地方向温度低的地方传输。这一过程通过以下一个或几个步骤完成：

- 传导（热量在两个互相接触的立面材料之间传输）；
- 对流（热量通过空气流动在立面上传输）；
- 辐射（热量以电磁波能量的形式透过立面内部的材料和空气）；
- 空气渗漏（热量由渗入的空气在立面内传输）。

穿透过建筑表皮热传的比例，取决于室内和室外温差与立面控制热量流动的能力。影响立面中热量流动的因素包括：整体热阻、材料特性以及对空气渗漏的控制。控制热量流动的设计策略包括：使用连续性的热隔绝材（如：保温隔热层），在材料层之间填充空气隔层来防止热传导，设置连续的空气隔膜来防止空气渗漏造成的热损失，以及防止热桥效应。"控制"热传并非总是阻止它的发生，在某些情况下，利用热传特性来帮助建筑室内采暖也可成为一种可持续的设计策略。

　　空气渗漏会影响建筑的整体能源消耗，原因在于多余的室外热空气会进入建筑内部（导致制冷负荷增加），或者室内热空气会扩散到较冷的室外（导致制热负荷增加）。室外空气会携带湿气（如水蒸气）进入建筑表皮以及建筑室内，造成冷凝结露，甚至存在导致建筑材料发霉或损坏的潜在可能性。空气渗漏是设计者永远都不希望发生，但它又是一个永远也无法避免的问题。即便是 ASTM 出台的有关空气渗漏的性能标准，也会允许少量空气渗入建筑墙体（ASTM，2005）。

　　空气隔膜是指能够减少空气流动，透过建筑外围护结构的构件材料，或是构件材料的组合构造。它可控制无空调设备空间与有空调设备空间之间的空气流动。为了抵抗室内和室外的空气压差，空气隔膜可设置在建筑外围结构的任意部位（室外侧面，室内侧面，或者是介于内外侧面之间的任何位置）。建筑的整体外围护结构必须完全覆盖连续的空气隔膜，且该隔膜必须密不透气。ASTM E 2178 中已制定空气隔膜标准，要求在气压为 1.57psf（0.02L/s/m² 或者 75Pa）时，空气渗漏不得超过 0.004cfm/ft²（ASTM，2003）。表 2-6 比较了由同一制造商生产的 3 种类型的空气隔膜：

特定的空气隔膜产品及其特性的列举案例　　　　　　　　　　表 2-6

种类 / 特性	弹性乳胶 1	弹性乳胶 2	多孔层压板
空气隔膜	具备	具备	具备
蒸汽隔膜	不具备	不具备	不具备
空气渗漏率（根据 ASTM E 2178）	0.002cfm/ft²	0.0016cfm/ft²	0.002cfm/ft²
蒸汽透过率（根据 ASTM E 96）	12.3perms	12.3perms	12.3perms
应用方法	涂抹、喷着、涂刷	涂抹或喷着	自粘接

来源：亨利空气隔膜系统 © 2012 亨利公司提供

　　与空气渗漏类似的是水蒸气渗透。水蒸气是水的气体形式，它是空气中的一种常规成分。在绝大多数的居住地块，水蒸气占大气组成的 1% ~ 4%。空气能够"容纳"水蒸气量的多少取决于气温，暖空气中可容纳的水蒸气多于冷空气。可用相对湿度来度量某一时刻空气中水蒸气量相对于同一温度下的空气能容纳的最大水蒸气量的百分比。

　　水蒸气透过建筑外墙的方式非常重要。存在于空气之中的水蒸气从密度较高的地方向密度较低的地方运动，这个过程称为扩散。

　　为什么认识水蒸气的作用对于立面设计是件非常重要的事呢？空气中存在水蒸气，而我们已知道空气渗透是不可避免的现象，所以水蒸气也会不可避免地渗入外墙之中。当蕴含着水蒸气的空气遇到温度比自身更低的材料时，便会引发系列问题。当空气冷却时，其承载水蒸气的能力便会减弱。如果空气温度下降到足够低时，水蒸气便会凝结成水，这个温度则称为露点温度，或称露点。如果水蒸气在墙内凝结，就会导致材料浸水。水分会创造一个适宜霉菌生长的环境，这便会对建筑使用者及其健康造成严重的影响。这就要求在进行可持续性立面设计时，在发生水蒸气冷凝结露的部位需设置导引来将冷凝水排出。

　　蒸汽隔膜能减少透过建筑外围结构的潮湿水分和水蒸气的扩散。透过材料的水蒸气总量或材料的渗透率用单位 perm 来衡量，1perm 渗透量为每 1 小时 1 平方英尺所产生 1 英寸汞柱的水蒸气量。依据 ASTM E 96 测试方法 A（ASTM,2010）所得到的渗透率，蒸汽隔膜可分为以下 3 类：

- Ⅰ类（水蒸气无法渗透）：小于等于 0.1perm 渗透率的材料（比如聚乙烯薄片，或者无穿孔铝箔）；
- Ⅱ类（水蒸气少量渗透）：渗透率在 0.1 ~ 1perm 之间的材料（比如牛皮纸面的玻璃纤维油毡保温隔热材）；
- Ⅲ类（水蒸气半数渗透）：渗透率在 1 ~ 10perm 之间的材料（比如乳胶或陶瓷釉料）。

　　蒸汽隔膜可限制水分的运动，空气隔膜则可限制空气透过墙体。有些空气隔膜也可限制水蒸气的扩散，这时它便成为蒸汽隔膜。水蒸气无法渗透的蒸汽隔膜一般也可作为空气隔膜使用。隔膜在墙体内的位置取决于气候类型。如：在寒冷气候区（5、6、7、8 区），通常将蒸汽隔膜置于保温隔热层内侧（较暖侧）的表面上。在炎热或温暖气候区（1、2、3 区），尤其是在潮湿地区，蒸汽隔膜通常被置于保温隔热层的外侧表面。在混合型气候区（4 区），蒸汽隔膜的位置则没有一个确切答案。在绝大多数的温度和湿度条件下，建筑的室内和室外情况都需考虑。在同一墙体中不应设置两道蒸汽隔膜，因为这会将潮湿区阻隔在墙体内部，致使其无法排出或蒸发。表 2-7 提供了同一制造商的 5 类蒸汽隔膜产品的渗透率以及其他特性信息。

表 2-7

特定的蒸汽隔膜产品及其特性的列举案例

种类 / 特性	弹性沥青	合成橡胶胶粘剂	弹性乳液	橡胶沥青 1	橡胶沥青 2
空气阻隔能力	能	能	能	能	能
蒸汽阻隔能力	能	能	能	能	能
空气渗漏率 （依据 ASTM E 2178）	0.000023cfm/ft^2	0.0026cfm/ft^2	0.00012cfm/ft^2	0.0001cfm/ft^2	0.0001cfm/ft^2
蒸汽渗透率 （依据 ASTM E 96）	0.02perms （等级 1）	0.03perms （等级 1）	0.08perms （等级 1）	0.03perms （等级 1）	0.05perms （等级 1）
应用方法	涂抹或喷着	涂抹、喷着、涂刷	涂抹或喷着	自粘接	自粘接

来源：亨利空气隔膜系统 ©2012 亨利公司提供

不透光型建筑立面的稳态传热与传湿分析

虽然前面的章节阐述了蒸汽隔膜的一般性设计要求，但对于特定建筑而言，仍建议对其进行特定的露点分析。通过分析特定条件下（如：相对湿度和室外和室内温度）以及各材料层的特性，设计人员就可确定不透光建筑表皮的热湿性能。在进行特定的露点分析时，设计者可选择稳态法或瞬时分析法。

稳态法可用来测定外墙的露点。如前文所述，露点是空气中水蒸气凝结成液态水的温度。决定露点的两个因素是空气温度（或是与空气接触的物体表面温度）与空气的相对湿度。当空气相对湿度达到 100% 时，露点温度就等于此时的空气温度。换言之，相对湿度越低，空气中水蒸气凝结所需的温度也就越低。

露点分析时，会假设热流为稳态导热，水蒸气为稳态扩散（ASHRAE，2005）。稳态导热意味着各种外围结构材料之间的温差保持恒定，稳态扩散则意味着外围结构（包括空气间层）中的水分子浓度保持恒定。换言之，外围结构中的热量传递与水蒸气扩散已达到平衡点。而其他影响传湿的因素，如：材料的初始含湿量、太阳辐射量与雨水的影响，则并未被纳入这一分析方法之中。

露点分析是一维的，因为在该分析中，将热量流动和水蒸气扩散设定为沿直线穿过外墙。露点分析中还会对饱和水蒸气压力，即每一个材料表面计算出的露点温度，和通过稳态水蒸气扩散计算得到的、外围护结构中实际的水蒸气压力进行对比。饱和水蒸气压力基于温度与相对湿度得到，它表示水蒸气凝结时所需温度（露点温度）。该计算结果为近似值，它的有效性和实用性取决于所选数据的准确性，这些数据包括室内和室外温度、相对湿度以及材料的热阻和渗透率。用于估算季节性平均条件的分析方法，包括以下步骤：

- 判定不同季节（夏季和冬季）的室内和室外空气温度和湿度条件；
- 判定待分析外墙部分的各种材料厚度、热阻值（R 值）和渗透率；
- 基于各材料层的 R 值计算温度梯度，温度梯度图可反映夏季与冬季组合墙体内各构件层的表面温度；
- 基于温度梯度，计算穿过组合材料的饱和水蒸气压力（露点状态）；
- 根据各材料层的渗透率，计算透过墙体的实际水蒸气压力；
- 对比实际水蒸气压力与饱和水蒸气压力；若实际水蒸气压力高于饱和点（露点），就会发生冷凝现象。

为说明如何应用这一方法，本节将论述一个位于凉爽湿润型气候区（芝加哥，5A 气候区）的案例。该地区冬季十分寒冷，夏季炎热潮湿。其砖饰面墙由以下材料层组成：

- 砖材；
- 空气间层（由线型砖材金属系件桥接）；
- 保温隔热材（膨胀聚苯乙烯材）；
- 蒸汽隔膜（Ⅱ类，水蒸气少量渗透）；
- 外石膏护面板；

- 冷轧钢框架；
- 内石膏护面板。

表 2-8 表示夏季和冬季的室外和室内温度与湿度条件。所选的室外温度和湿度条件代表温湿度的最高限制（夏季条件下）和最低限制（冬季条件下），室内环境条件则基于热舒适的常规条件而定。表 2-9 给出了每层材料的属性，其中，材料的热阻值和渗透率通常用于计算穿过整个组合构件的温度梯度和水蒸气分压力。

可用于露点分析的室内和室外环境条件 表 2-8

条件	室外温度℉（℃）	室外相对湿度	室内温度℉（℃）	室内相对湿度
冬季	10（-12）	60%	71（22）	40%
夏季	90（32）	80%	73（23）	50%

可用于露点分析的冷轧钢框架砖饰面墙的各材料层属性 表 2-9

材料种类	内石膏护面板	钢框架空腔	外石膏护面板	蒸汽隔膜	保温隔热材	空气间层	砖材
厚度（英寸）	0.625	6	0.625	0.004	2	1.25	4
热阻 R 值（h-ft^2- ℉/Btu）	0.56	0.75	0.56	0.06	10	1.12	0.8
渗透率（perm- 英寸）	18.75	120	20	0.5	0.76	120	8
湿阻率（perm/ 英寸）	0.053	0.008	0.050	2.000	1.325	0.008	0.125
湿阻率	0.033	0.050	0.031	0,008	2.649	0.010	0.500

图 2-44 表示冬季外墙组合构造的温度梯度和蒸汽分压力。图表的左侧表示室内条件，右侧表示室外条件，图表上部为墙体温度梯度。计算时各层材料的 R 值和室外至室内的温度变化均被考虑在内。由此，我们可得知：在这一组合构造中，保温隔热层阻挡了大部分热量流动。

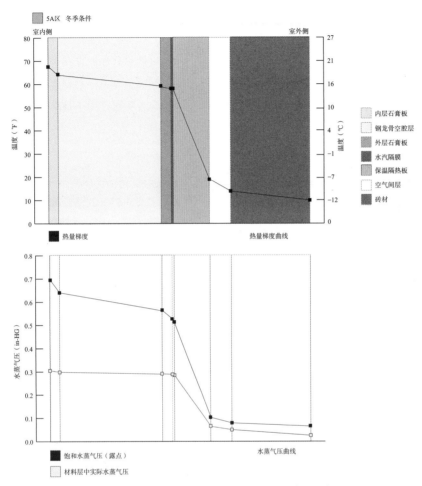

图 2-44 凉爽湿润型气候区中砖饰面外墙的露点分析（冬季）

图表下部所示，为处于饱和状态下和实际的水蒸气压力曲线。饱和状态压力曲线是基于温度梯度值计算所得，用来表示组合构造中各材料表层的露点。实际水蒸气压力则是基于各独立材料层的厚度和阻隔蒸汽的能力计算所得。该图表明所有材料层的实际水蒸气压力均低于露点水蒸气压力。图 2-45 比较了夏季时相应的状况。

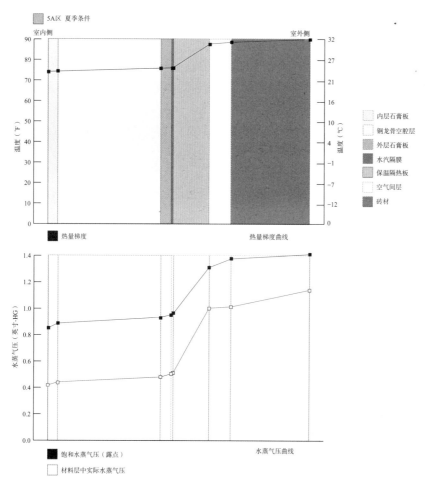

图 2-45　凉爽湿润型气候区中砖饰面外墙的露点分析（夏季）

　　稳态分析法为基于假设季节中日间温度为常态恒定的状况。在某些气候分区中，一个季节的日间温度可能会发生明显的变化，在固定的时间点或者时间段进行的瞬时分析法，就更适用于分析热量、潮湿和空气运动。湿热分析法便是瞬时分析法中的一种。

不透光型建筑立面的湿热分析

我们已经知道稳态露点计算是如何分析透过墙体的热量和潮湿水分运动，以及如何测定墙体内水蒸气凝结的潜在可能。这种估算露点的方法虽简单有效，但也存在一定的缺点，即它的计算结果只能表示某一特定点的瞬时状态。此外，这种方法还忽略了多种变量所带来的影响，比如：各材料层的含水量（即材料的潮湿特性）、材料在某一时间段内的物理特性，以及降雨和太阳辐射的影响。

当材料中的水分饱和时，即便是非常微小的孔隙，也会被水分所填满。因水是较差的隔热材，在发生这种情况时，材料的热阻值便会降低。此外，材料的含水量并非静态，它会随着时间发生改变，从而导致在进行稳态露点计算时，无法分析材料中的含水量。为此，我们提出一种更为精确的方法，湿热分析法，以应对上述问题。毛细作用，降雨和太阳辐射的影响，以及吸湿和温度的波动变化，均会对构件材料的传湿能力产生影响，而湿热分析法便可用来判定建筑物外围护结构在一段时间内因上述因素的影响所产生的变化（Staube and Burnett, 2011）。

WUFI®（Wärme und Feuchte instationär）是一种用来分析建筑物外围护结构的瞬时湿热特性的软件套件（Kunzel., 2001）。它是一款可综合模拟热量和潮湿水分透过不透光外墙组合构造进行传递的软件。这些不透光外墙组合构件包括圬工墙、砖饰面、预制混凝土面墙与防水玻璃组合构材。该软件由德国的弗劳恩霍费尔建筑物理协会（IBP）研发，也可由橡树岭国家实验室获取使用权而成为研究工具。WUFI 软件可根据特定的建筑朝向来设定室内环境条件；也可基于特定气候的历史性气象数据：温度、降水量和相对湿度，来计算组合构造中不同材料层内的含水量、温度梯度、相对湿度和露点温度。它还可用于长期效应的研究，如：建筑外围护结构中的潮湿状态以及霉变的过程。

在防止建筑外围结构内水分凝结，避免建筑材料降解与霉菌细菌滋生时，还可确保高质量的建筑性能，改善室内空气质量。在采用湿热分析法时，需遵循以下步骤：

- 构建待分析的局部外墙的计算机模型；
- 确定外墙材料的特性与尺寸；
- 确定计算周期的时间增量；
- 确定环境条件（室外和室内）与气候参数；
- 模拟并获得结果；
- 解读计算数据。

    ASHRAE 在标准 160 建筑潮湿控制设计分析标准中，建立了所选择的分析程序、输入和输出的标准以及评估结果的准则（ASHARE，2009）。为了阐明该分析程序的工作原理，图 2-46 列举了一个位于凉爽湿润型气候区的建筑案例，该气候类型与露点分析法所选案例相同（图 2-44，图 2-45）。其立面组合构件与露点分析法所选案例的立面组成一致：内石膏护面板、冷轧钢框架（以及框架构件间的空腔）、外石膏护面板、蒸汽隔膜、膨胀聚苯乙烯保温隔热层、空气间层和砖材。

    监测点被放置于墙体内的不同位置，通常设在两种不同材料的交界处，或材料与空气的界面上。在图 2-46 中，设置的位置分别位于内石膏护面板、框架空腔、外石膏护面板、蒸汽隔膜、保温隔热层、空气间层以及砖材的内外表面。材料的这些特性，如：材料的初始含水量、热阻值、密度、孔隙率、具体热容量以及渗透率，均是建模中的重要参量，因此，在进行湿热分析法前，必须熟知建筑断面中材料的特性。这也使湿热分析法中建构的模型，如：WUFI 模型，通常涵盖了各类材料及其特性的数据库，这些数据来自实验和曾发表的文献资源。若用户知道具体材料参数，也可将新的材料添加进入数据库中。

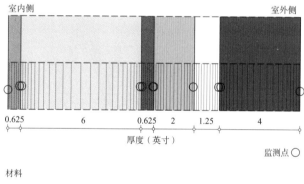

材料

■ 砖材

□ 空气间层

▨ 保温隔热板

■ 水汽隔膜

▨ 外层石膏板

▨ 钢龙骨空墙层

▨ 内层石膏板

图 2-46　湿热分析法中的材料与监测点位置

在本文的案例模型中，建筑位于凉爽湿润型气候区（5A 区），这种气候类型具有冬季寒冷、夏季炎热湿润的特性。由于该气候区的温湿度变化大，容易在外墙侧形成结露，所以对空气和水分运动的调控尤为重要。该区气候数据可提供所选用的温度、相对湿度、太阳辐射和集中降雨量数据。由于模型可用于数据的瞬时分析，因此，计算结果涵盖了特定时间段的逐时计算结果。过程中的时间参数可选定在过去某一特定的时段内，如过去的 5 年或 10 年。以本文的案例模型为例，图 2-47 所示为未来 5 年内的年度预测降水量和太阳辐射量，图 2-48 则说明在相同时间段内，室外和室内温度和相对湿度的情况。该方法与露点分析法有很多不同，后者只能说明某一点的即时平均状况。

所计算的时间段内各材料层每小时的温湿度分析结果可用数据点的形式呈现，这些结果包括材料含水率、温度和相对湿度。大多数材料本身就具有一定的含水率，以每单位体积的干燥

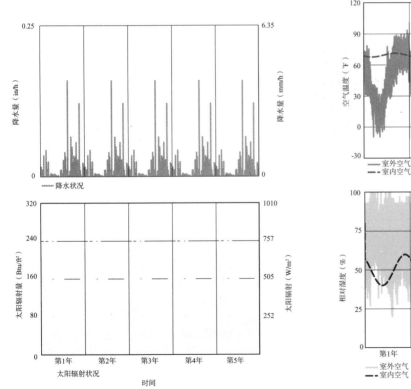

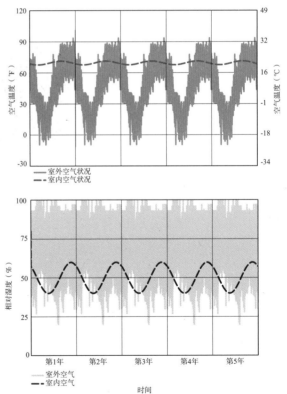

图 2-47   湿热分析法中所选用的降水量与太阳辐射数据   图 2-48   湿热分析法中室外和室内的温度和相对湿度

材料的含水量定义。例如，表 2-10 所示为案例外墙的温湿度分析结果。表格中给出了初始含水率与最终含水率值，以及分析过程中确定的最高含水率和最低含水率。请注意位于蒸气隔膜以外的材料层（砖材、空腔、保温隔热材），其含水率会随着时间变化而增加，这是因为所吸收的雨水会透过砖材，以及扩散的水蒸气会透过墙体所致。相对地，位于蒸汽隔膜以内的材料层（外石膏护面板、钢框架空腔与内石膏护面板）会随着时间变化而较为干燥；在这两种情况中，材料的最高含水率与初始含水率均相等，这表明空气隔膜能有效地阻挡蒸汽在墙体内部的扩散，从而使得水分无法在部分墙体内聚集滞留，导致无法从渗出孔中蒸发或排出。

综合考虑热传和湿传，5 年周期内砖贴面墙的含水率对比　　　表 2-10

材料层	初始含水率（Ib/ft^3）	最终含水率（Ib/ft^3）	最低含水率（Ib/ft^3）	最高含水率（Ib/ft^3）
砖材	0.21	0.39	0.17	4.17
空气间层	0.12	0.53	0.11	0.67
保温隔热层	0.02	0.03	0.01	0.03
蒸汽隔膜	0	0	0	0
外石膏护面板	0.39	0.26	0.20	0.39
钢框架空腔	0.12	0.05	0.03	0.12
内石膏护面板	0.54	0.33	0.26	0.54

在湿热分析法中，组合墙体中的监测点位置也会决定温度、相对湿度和露点温度的状况。图 2-49 所示为 5 年计算周期内样本墙体的 3 个监测位置——砖墙表面内侧、保温隔热层内表面以及石膏板内表面的温度和露点温度变化结果。钟形曲线表示温度和露点呈现年度周期性的增长或下降。当温度曲线低于露点曲线时就会发生结露。对于靠近室外的表面而言，由于结露所产生的水分可透过空腔排流出，因此无需考虑这个问题。但对于靠近室内的材料层而言，温度曲线就必须始终高于露点曲线。

在图表的最上部，砖墙内表面的温度曲线与露点曲线始终处于接近的状态。经过反复检查，其结果表明：尽管在大多数情况下温度高于露点温度，但在非常寒冷的月份时，还是会出现温度曲线与露点曲线重合，或温度曲线低于露点曲线的状况。在这种情况下，水蒸气就会在砖墙的内表面（空腔）侧凝结，然而凝结水会通过空腔流到腔层底部的泄水板，最后从排水孔排流出。此外，图 2-49 还显示出该层表面的温度摆幅较其他材料层更大——这并不奇怪，原因在于砖墙在建筑保温层的外侧，且与变化不定的室外环境接触最为密切。其他两幅图则表示保温层内侧和石膏板内侧的温度和露点温度，在这两者中，温度曲线均高于露点温度，因此其表面均不会结露。

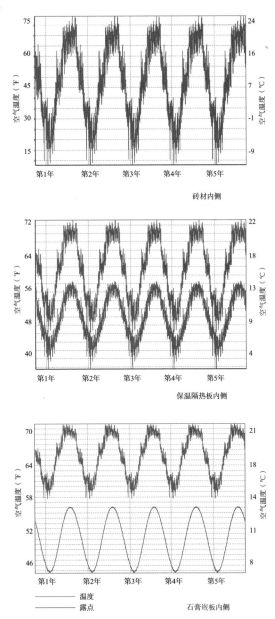

图 2-49　湿热分析法中，不同监测点的温度曲线和露点曲线（砖墙内表面、保温隔热层内侧和墙体内表面）

　　WUFI 软件可以用来生成霉菌生长潜力的等值线图。霉菌生长图由模拟过程中所有计算时间段的相关湿热状况（温度和湿度）的数据值，和两条数据曲线或称等值线所组成。这些等值线分为 LIM Ⅰ 和 LIM Ⅱ，用以表示"霉菌可生长的最低等值线"——在该线以下的温湿度条件中，不会出现霉菌生长（Sedlbauer，2002）。其中，LIM Ⅰ 对应生物降解材料，如：墙纸；LIM Ⅱ 则对应多孔性材料，如：石膏、矿物建筑材料、部分木材和部分保温隔热材料。当数据点落在等值线以上时，则表示在该温湿度条件下会滋生一种或多种霉菌。换言之，如果大部分数据点落在 LIM 线以上，易受病害影响的材料上则可能出现霉菌。因此，即使不能要求全部的数据点落在 LIM 线以下，也期望大部分数据点能达到这一要求。图 2-50 以外墙内侧表面的湿热条件为例，该图显示所有的湿热数据值均落在等值线以下。湿热数据值用不同的颜色来表示，从而说明等值线是如何随着时间发生变化的：在计算之初，数据颜色为黄色，随着计算的进行，数据则逐渐趋近于深绿色，以显示计算过程中的结果，最终计算的数据结果则用黑色表示。

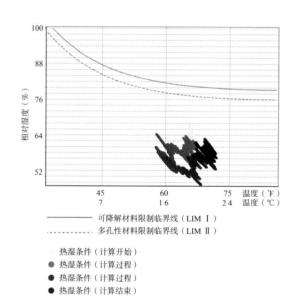

图 2-50　墙体内侧表面的等值线

透光型建筑立面的热传分析

　　前两节集中讲述了建筑外围护结构中，不透光部分的热量和热传和湿传的分析方法。而透光型建筑立面则需采用不同的方法来进行热量特征计算与热传分析。正如在前几节"立面材料与构件特性"中所见，为计算透光型建筑立面的整体导热系数（U 值），必须对玻璃中心部分、玻璃边角部分与框架的 U 值进行测定。该型立面的热传量可通过二维有限元热传模型进行分析，如：劳伦斯·伯克利国家实验室研发了一款名为 THERM 的计算机软件，这款软件可用于研究通过金属窗框与幕墙的热传状况（LBNL,2011）。THERM 可以利用构件材料的特性（导热系数）与室内和室外环境的温差来模拟透过墙体的温度梯度。

国家门窗评级协会（NFRC）在其出版的资料 NFRC 100 决定门窗产品 U 值的程序（NFRC,2011）中，介绍了导热系数的测得方法。表 2-11 所示为测定透光型建筑立面的 U 值时，用于仿真和建模模拟所需的环境条件参数（包括室外和室内的温度、风速与风向、天空辐射率以及直接太阳辐射率）。

NFRC 100 环境条件参数   表 2-11

参数名称	英制单位	公制单位
室外温度	0 ℉	-18℃
室内温度	70 ℉	21℃
风速	123mph	55m/s
天空温度	0 ℉	-18℃
天空辐射率	1.00	1.00
直接太阳辐射率	0Btu/ft^2	0W/m^2

透光材料的特性可通过 WINDOW 软件计算获得，这是另一款由劳伦斯·伯克利国家实验室研发的软件。如图 2-51 所示，WINDOW 软件可与 THERM 软件协同工作，用于计算太阳热得系数（SHGC）、遮阳系数（SC）、通视率（Tv）以及夏季和冬季环境中透光材料单元的 U 值。设计人员可运用 WINDOW 软件来选择特定的透光材料单元，包括玻璃层以及玻璃层之间的气体种类，还可运用 WINDOW 软件来计算其特性。例如：使用 WINDOW 软件所生成的双层低辐射释出（low-e）镀膜、层间填充氩气的三层玻璃构造的参数，如下：

- U 值（冬季）：0.122 Btu/h-ft^2-℉（0.6932W/m^2-°K）；
- U 值（夏季）：0.125Btu/h-ft^2-℉（0.7102W/m^2-°K）；
- SHGC：0.297；

- SC：0.341；
- Tv：0.560。

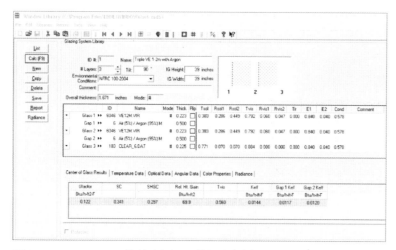

图 2-51　WINDOW 软件中保温隔热透光材料单元的特性计算

　　为获取框架的参数值，必须针对框架的各构件进行拆开构件式的热特性分析。这可在 **THERM** 软件中通过计算机建模完成。室外和室内的环境条件、材料特性与各幕墙构件的配置都必须在模型中建构。为验证分析结果，必须对幕墙的实体模型进行测试。如果系统仅完成了建模工作，而没有对其进行实质性的测试，这意味着其仅完成了一半的框架建模工作。只有经过测试，才意味着完成了与实体模型全部尺寸相匹配的框架建模工作；半成品框架是不能进行实际建造或测试的。图 2-52 所示为一个隔热铝框架的模型，及对其计算后所得的 U 值。表 2-12 则说明了框架中所有竖向和水平构件以及玻璃周边部分通过计算所得的 U 值。

　　THERM 软件也可以用来确定透过幕墙的温度梯度，如图 2-53 所示。对于特定的建筑位置，可选用室外和室内的温度与相对湿度来表示实际状况。气候数据必须经过反复核实，以确定适宜的季节性室外环境。室内作业温度可根据材料的内表面温度获得。这款软件可根据各单独构件的导热系数和室内室外环境的差异来计算温度梯度。图 2-53 所示为一个 3 层保温隔热玻璃系统的隔热能力。外侧窗梃、窗梃帽以及玻璃窗板片的温度与室外温度较为接近，而内侧窗梃与内部玻璃窗板片的温度则与室内温度较为接近。

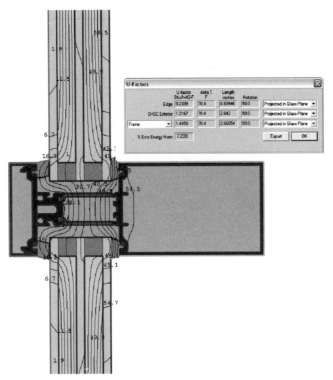

图 2-52　用 THERM 软件计算结构和玻璃周边部分的 U 值

模型中幕墙玻璃周边部分与结构框架的 U 值的热学模拟结果　　　　　表 2-12

组成构件	玻璃周边部分的 U 值（Btu/h-ft²-℉）	结构框架的 U 值（Btu/h-ft²-℉）
窗楣	0.2338	1.4459
窗框过梁	0.2359	1.5711
窗台	0.2325	1.1726
侧窗楣		
右侧竖梃	0.2320	1.2706
左侧竖梃	0.2355	1.7040

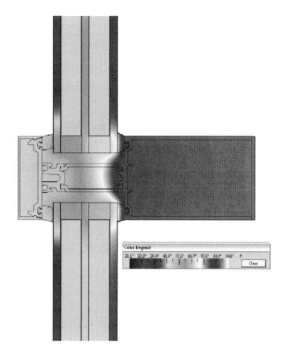

图 2-53　幕墙剖面的热量等值线

本章小结

　　本章阐述了可持续性立面设计时必须考虑的一系列因素，包括环境状况、建筑朝向、门窗设计以及材料与立面构件的特性。建筑立面的物理特性是影响建筑能耗的一个主要因素。设计可持续性且高能效的建筑立面，首先必须判断环境和气候条件是如何影响并作用于建筑表皮、建筑朝向、立面朝向和不透光墙体的开窗玻璃比。接着需基于规划需求、朝向、空间组织、使用者需求和美学质量来判断建筑立面的类型。设计者需将材料和构件的特性考虑在内，如：建筑立面构造的热学特性、光学特性和潜藏能耗。设计可持续性立面时必须考虑这些因素，确保可限制建筑所产生的负面环境冲击。

参考文献

ASHRAE. (2005). *Handbook of Fundamentals*. Atlanta, GA: American Society of Heating, Refrigerating and Air-Conditioning Engineers, Inc.

ASHRAE. (2007). *BSR/ASHRAE/IESNA 90.1-2007, Energy Standard for Buildings except Low-Rise Residential Buildings*. Atlanta, GA: American Society of Heating, Refrigerating and Air-Conditioning Engineers, Inc.

ASHRAE. (2009). *ASHRAE Standard 160: Criteria for Moisture-Control Design Analysis in Buildings*. Atlanta, GA: American Society of Heating, Refrigerating and Air-Conditioning Engineers, Inc.

ASTM. (2003). *ASTM E 2178-03 Standard Test Method for Air Permeance of Building Materials*. West Conshohocken, PA: ASTM International.

ASTM. (2005). *ASTM E 2357-05 Standard Test Method for Determining Air Leakage of Air Barrier Assemblies*. West Conshohocken, PA: ASTM International.

ASTM. (2010). *ASTM E 96-10 Standard Test Methods for Water Vapor Transmission of Materials*. West Conshohocken, PA: ASTM International.

Inventory of Carbon & Energy (ICE), Version 2.0. Retrieved from http://www.bath.ac.uk/mech-eng/sert/embodied/

ISO. (2006). *ISO/DIS 14040: Environmental Management—Life Cycle Assessment—Principles and Framework*. Geneva, Switzerland: International Standards Organization.

Kunzel, H., Karagiozis, A., and Holm, A. (2001). "A Hygrothermal Design Tool for Architects and Engineers (WUFI ORNL/IBD)." In H. Trechsel, ed., *ASTM Manual 40: Moisture Analysis and Condensation Control in Building Envelopes* (pp. 136–151). West Conshohocken, PA: American Society of Testing and Materials.

Lawton, M., Roppel, P., Fookes, D., Teasdale, A., and Schoonhoven, D. (2010). "Real R-Value of Exterior Insulated Wall Assemblies." *Proceedings of the BEST2 Conference*. Portland, OR: Building Enclosure Science and Technology.

LBNL. (2011). *THERM 6.3/WINDOW 6.3 NFRC Simulation Manual* (Mitchell, R., Kohler, C., Zhu, L., Arasteh, D., Carmody, J., Huizenga, C., and Curcija, D., LBNL-48255). Berkeley, CA: Lawrence Berkeley National Laboratory.

NFRC. (2010). *NFRC 100 Procedure for Determining Fenestration Product U-Factors*. Greenbelt, MD: National Fenestration Rating Council.

Sedlbauer, K. (2002). "Prediction of Mould Fungus Formation on the Surface of and Inside Building Components." PhD dissertation, Fraunhofer Institute for Building Physics.

Staube, J., and Burnett, E. (2001). "Overview of Hygrothermal Analysis Methods." In H. Trechsel, ed., *ASTM Manual 40: Moisture Analysis and Condensation Control in Building Envelopes* (pp. 81–89). West Conshohocken, PA: American Society of Testing and Materials.

第 3 章

舒适性设计

是什么因素使得立面形成了"可持续性"？所有的立面都能在室内外环境之间创建一道屏障，为建筑使用者提供热、视觉以及声舒适的空间。然而，可持续性立面的作用更多。它能利用最少的能源，提供最佳的舒适水平。为了实现立面的高性能，设计者需要考虑许多变量——保温隔热、采光、遮阳、眩光、噪声以及室内空气质量，来设计可持续性的室内环境立面。

热舒适

热舒适被 ASHRAE 定义为"对热环境感到满意时的心理状态"（ASHARE，2004）。因为是一种心理状态，所以它基于一个人的天生的体验和知觉；不同个体的生理和心理反应也会有很大差异。很少有建筑只为满足某个人的特殊热舒适需求进行设计。因此，诸如 ASHARE 的组织就建立了热舒适的相应标准，来适应大多数人在大多数时候的热舒适需求。

影响热舒适的 6 个主要因素有：空气温度、空气流动、湿度、平均辐射温度、建筑使用者人体代谢率，以及建筑使用者的衣着状况。虽然每一个因素都可以分开单独测量，但人体对它们的反应却是整体的。当室内空间设计恰当地平衡了这些因素时，使用者便会觉得舒适。这 6 个因素对于热舒适有各自的具体特征与影响：

- 室内空气温度影响着皮肤表面的热损失率。它可以通过改变 HVAC 系统所提供的空间内的空气温度来进行控制。这一过程可通过将室外空气带入室内，或调节窗户遮阳装置，来增加或减少室内空间的直射采光。尽管可对室内空气温度进行精确客观的测量，但建筑使用者对舒适温度的感觉，还是会因为室外温度、一天中不同时段的太阳辐射量，以及使用者的活动而有所差异。
- 流动的空气会通过以下两种方式影响热舒适：将热量从温暖的表面，如：人体皮表，传导至温度较低的室内冷空气与冷表面；帮助皮肤表面的汗液蒸发。空气流动越快，这些影响也会越显著。一般而言，某空间中的空气流动无法被建筑使用者所控制。因此，为保持舒适，使用者会通过调节其他可控的因素予以应对，如：空气温度或人们的衣着。
- 空气中的水蒸气量可通过相对湿度（RH）来度量。它被定义为空气中的实际水蒸气量，与在当前温度下完全饱和的空气中可容纳的最大水蒸气量的百分比。因此，相对湿度为100% 即表示此时空气中的水蒸气已完全达到饱和；相对湿度为 0% 则表示空气是干燥的，或者完全干燥。在潮湿环境中，透过皮肤的汗液蒸发率低于干燥环境。同时由于通过皮肤蒸发降温是人体调节体温的主要手段，因此人们常常觉得过于潮湿的环境不舒适。然而，太过干燥的室内空气也会造成很多的健康问题,因此其必须取得平衡。受空气温度的影响,大多数人们感觉舒适的相对湿度水平范围在 25% ~ 60% 之间。相对湿度对于人体热舒适感觉的影响程度,一般低于皮肤表面的空气温度和空气流动。一般而言,相对湿度无法被使用者所控制。

- 平均辐射温度可用来度量物体与表面的辐射能量。它与空气温度不同,可在人体皮肤表面产生热感觉。从太阳所得的太阳辐射量是最大的热量来源之一,由于辐射能量是独立于空气温度发生作用的,因此即使室内空气温度处于舒适温度的范围内,建筑使用者仍会因辐射能量而感觉不适。任何阻挡辐射的不透光物体都能降低辐射作用,对于太阳辐射,可利用窗户的遮阳帘来阻挡阳光和形成遮阳。然而,假如遮阳帘在窗户玻璃以内,那么遮阳帘的材料就会吸收部分的太阳辐射能量,再转成辐射影响室内。

- 人体代谢率,可用来衡量人体热量,以卡路里为单位,它表示人体与人体内部通过生热作用所产生的热量。人体代谢率会根据人的身体特征和进行的活动类型发生波动。一个正在进行高强度活动的人,其代谢率会比一个坐在书桌边的人要高。由于他们具有不同的代谢率,也使其对于相同环境所形成的舒适感体验有所不同。

- 衣物是最简单的人体保温隔热材。它具有隔障的作用,可在皮肤与衣物之间形成维系人体热量的隔层。这是建筑使用者最方便控制的热舒适影响因素。人们可预估在特定的环境和活动中合适的衣物穿着量。如果人们觉得必须多穿或少穿一点才会感到舒服,这就意味着他们对空间的热工性能并不满意。

测量方法

热舒适是一种感观认知,因此也是一种主观的体验。现在已发展出一些可用于客观地度量使用者对室内环境的满意程度的方法。ASHARE 的热环境综合评估指标(PredictedMean Vote,PMV)和热环境不满率预测指数(Predicted Percentage of Dissatisfied,PPD),均是用来针对可能不满于特定热环境的个体数量,进行统计预测的计算方法。PMV 指标根据大量个体对特定环境的反馈结果,使用设有 7 个刻度、从热到冷的热感标尺进行热环境评估。PMV 热感标尺的刻度分布于表示冷感受的 –3 到表示热感受的 +3 之间,区间中的刻度 –2(表示凉爽)、–1(表示轻微凉爽)、0(表示不冷不热)、+1(表示轻微暖和)、+2(表示暖和)。PPD 指数则是基于 PMV 指标测试得出的数据,预估对热环境感到不满的人数百分比。图 3-1 说明了 PPD 和 PMV 之间的关系。PPD 设定在 PMV 中选择 +3、+2、–2、–3 的人群是对热环境感到不满意的,此投票选择的分布线依循一条倒钟形曲线,其中刻度 0 位于钟形曲线的中心点。

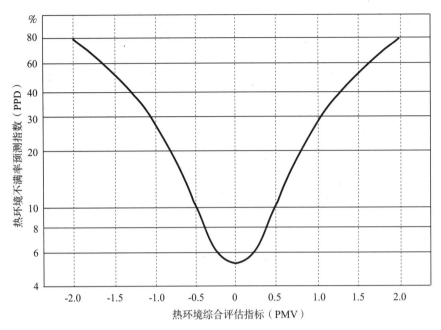

图 3-1　PMV 指标和 PPD 指数的关系图

　　PPD 曲线上的数值是无单位的，用于表示对温度感到不满意的人的数量所占的百分比。ASHARE 55-2004 标准建议在常规环境中，PMV 值应处于 +0.5 和 –0.5 之间，对应的 PPD 值是 10（即：有 10% 的建筑使用者感到不满）。

　　在自然通风的空间中，使用者对环境只有有限的控制能力（比如通过开关窗户来调节空气温度和空气流动），ASHARE 标准提供了一种可选择的方法来判定可接受的热学条件。根据室外的月平均温度，室内作业温度可上下调节，但需维持在可接受的舒适条件内。图 3-2 所示，明确了在自然通风条件下，可接受的热舒适作业温度的范围。在月均温度较高的气候区，可接受较高的作业温度，以显著地减少机械系统的能量消耗。这时 10% 的使用者产生全身热不适体验是可接受的，并且对于身体某些部位，还可再增加 10% 的热不适体验。例如：假如室外月均温度为 95 ℉（35℃），则室内作业温度可相对高一些，大约在 75 ℉（24℃）～ 87 ℉（30.5℃）之间，这一范围可使 80% 的使用者感到满意。此外，假如月均温度为 50 ℉（10℃），则室内作业温度可相对低一些，大约在 64 ℉（17.5℃）～ 77 ℉（25℃）之间。

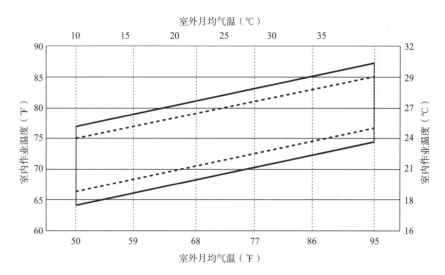

图 3-2　根据 ASHRAE 标准 55-2004，自然条件空间中可接受的作业温度范围

　　这些标准也适用于混合模式的通风系统(如:自然通风或立面开口,结合 HVAC 系统)的建筑。采用混合模式通风系统的建筑，在环境和气候条件适宜时，可通过立面开口导入室外空气而形成自然通风；在条件不适宜时，则可采用机械通风。对于设计良好的混合模式通风系统的建筑而言，其目标为在条件允许自然通风时，可利用自然通风来减少或消除因风扇或制冷系统产生的能耗。

　　加州伯克利大学（UCR）的建成环境中心（CBE）已研发出一款较为先进的模型，用于理解和判定使用者的热舒适度。该模型可处理环境条件和使用者生理反应之间的复杂关系，模型中用 "暖体假人" 来模拟使用者（Huizenga 等,2001）。在 CBE 模型中，热舒适与人体热感觉规律有关。为区别局部的热舒适感觉，暖体假人可针对任意数量的身体部位进行监测，比如:头部、胸部、手臂和腿部。大多数的应用选用 16 处身体部位。图 3-3 说明了如何使用暖体假人来反映实际用户的特征参数，比如:穿衣指数、人体代谢率和生理特征。人体和环境之间的热对流、传导、热辐射量也均可通过计算获得。

热舒适状况

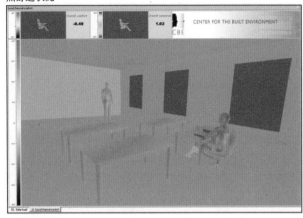 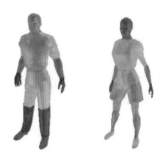

热学暖体假人反应（热舒适状况）

太阳辐射状况

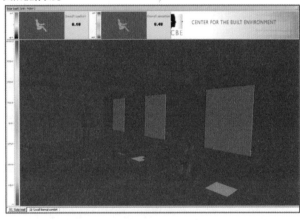 

热学暖体假人反应（太阳辐射状况）

由 Charlie Huizenga 提供，建成环境中心

图 3-3　暖体假人与舒适度反馈模拟

　　CBE 模型可以用于预测使用者的热舒适度和热感指数。热感指数与 ARHRAE 的 PWV 指标类似，只是在标尺量表两端增加了"非常热"（+4）和"非常冷"（-4）。这就将可能遇到的极端环境纳入核算。因此，热舒适指标以 9 等分刻度的标尺为基准，+4（非常热）、+3（热）、+2（温暖）、+1（较温暖）、0（适中）、-1（较凉爽）、-2（凉爽）、-3（寒冷）、-4（非常寒冷）。热舒适标尺量表可反映使用者对室内环境的舒适性，标尺正轴上的刻度为"刚好舒适"（+0）、"舒适"（+2）、和"非常舒适"（+4），而负轴上的刻度为"刚好不舒适"（-0）、"不舒适"（-2）和"非常不舒适"（-4）。该方法与其他测量热舒适的方法不同的是，它将舒适度水平分成正负状况。这使得主体

对象可明确其热感觉状态是在"舒适"还是在"不舒适"的范围内（Aren等，2006）。将热舒适和热感觉制成标尺量表十分必要，因为要知道使用者告诉我们感觉凉爽或温暖，并不能说明他们感觉舒适或不舒适。

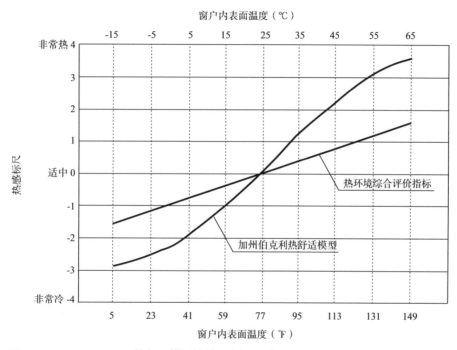

图 3-4　PMV 和 CBE 热舒适模型的结果比较图（摘自 Huizenga 等，2006）

图 3-4 比较了在特定条件下，ASHRAE 的 PMV 指标和 CBE 热舒适模型。这一对比基于使用者坐在距离窗户 3 英寸（1m）的位置，并显示使用者的热感觉随着玻璃表面的温度变热或变冷（Huizenga 等，2006）。这两种方法都表明，当玻璃温度为 77 ℉（25℃）时，使用者感觉舒适，评分为 0；然而，CBE 热舒适模型对玻璃温度的变化以及其对热感觉的影响更为灵敏，故能更好地预测因玻璃造成的局部不舒适性。

立面设计与热舒适

在所有的立面构件中，窗户的热波动量最大。通常情况下，寒冷天气时的窗户内表面最为冰冷，而温暖天气时的窗户内表面最为温暖。即便是对于具有高效能的玻璃和断热窗框的窗户来说，情况也是如此。因此，窗墙比高的立面比窗墙比低的立面更容易影响使用者的热舒适度。使用者距离窗户越近，这种影响就会越大，同时也与使用者的活动状况有关。例如：大多数时间坐在靠窗处的使用者，会比坐在远离窗户或在室内活动的使用者更容易感到不舒适。

最佳窗墙比应基于建筑空间的楼层平面、使用者在空间中的位置，与使用者的活动类型来确定。使用者平常多接近窗户时，就应在空间中设置较小的窗墙比，尤其是在南向立面。如：对于商业办公空间而言，使用者经常坐在靠窗处的，应考虑窗墙比不超过 40%，且最低值为 25%。对于使用者并不经常在窗户旁活动的空间，或走廊以及其他交通流动空间，在保持对使用者热舒适影响最小的情况下，可采用较高的窗墙比。窗户的尺寸并非总取决于设计者的选择。在有些案例中，比如医院里的病房，建筑规范或其他标准可能会规定最小的窗户尺寸。

立面玻璃材料的选择也会影响使用者的热舒适。这种影响在冬季和夏季并不相同。在冬季，窗户的内表面温度通常低于室内其他表面温度，并会对热舒适效应产生大量影响。表 3-1 所示，对于 6 种常见类型的玻璃，当一个人坐在距离窗户 3 英寸（1m）时，感到舒适的最低室外温度。该表显示了双层空气隔热且低辐射释出（low-e）的玻璃单元适合在冬天室外温度高于 21 ℉（-6℃）的气候中使用，而三层空气隔热且低辐射释出（low-e）的玻璃单元则可在温度低至 18 ℉（-28 ℃）的气候中使用。

由于夏季时，热舒适会受到玻璃内表面温度和穿过玻璃的太阳辐射量的综合影响，反之，这些因素也会受到透光单元的构造、玻璃材料的特性，以及窗户遮阳装置效率的显著作用。表 3-1 所示，对于 6 种同样类型的玻璃，靠窗坐的使用者感到不舒适前，玻璃表面的最大太阳辐射量。正如我们所见，双层选择性透光、空气隔热且低辐射释出（low-e）的玻璃单元是强太阳辐射气候区的最佳选择。这些类型的透光玻璃单元的光致热得比为 1.25 或更高（即通视率高而 SHGC 值低），可在允许大量日光进入室内的同时，阻挡较多的太阳热得。

透光玻璃系统与满足坐在靠窗处使用者热舒适的冬季和夏季环境条件　　　表 3-1

透光玻璃类型	冬季 可接受的室外最低气温 ℉ （℃）	夏季 可接受的室外最高太阳辐射值 Btu/ft²（W/m²）
双层空气隔热 IGU（透明）	45（7）	150（469）
双层空气隔热 IGU [低辐射释出（low-e）]	21（-6）	165（516）
双层选择性透光空气隔热 IGU [低辐射释出（low-e）]	16（-9）	342（1069）

续表

透光玻璃类型	冬季 可接受的室外最低气温 F （℃）	夏季 可接受的室外最高太阳辐 射值 Btu/ft² （W/m²）
三层空气隔热 IGU（透明）	28（-2）	146（456）
三层空气隔热 IGU [低辐射释出（low-e）]	18（-28）	196（613）
三层选择性透光空气隔热 IGU [低辐射释出（low-e）]	-22（-30）	323（1009）

来源：Huizenga 等，2006

　　窗户表面温度的变化，以及它对建筑使用者舒适感受的影响，可通过改变室内空气温度来进行调节。冰冷或温暖玻璃的降温或增温效应可通过升高或降低室内空间的气温来形成补偿。图 3-5 所示，当使用者坐在靠窗处时，不同玻璃温度下的室内空气温度是如何影响使用者的舒适度的。4 条曲线对应不同的玻璃温度，每条曲线都显示了坐在靠窗处的使用者感到最舒适时的室内空气温度。例如：假如玻璃温度是 50 ℉（10℃），则坐在靠窗处的使用者感到最舒适时的室内空气温度是 78 ℉（26℃）。当玻璃温度是 104 ℉（40℃）时，最舒适水平的室内温度则达到近 70 ℉（21℃）。

　　空气流动也会对热舒适度产生影响。立面会造成两种不良形式的空气流动：冰冷的窗户内表面所引发的诱引性空气流动，以及室外空气透过外围结构孔隙渗入室内的渗透流动。一般而言，击流会影响热舒适度。个别情况下——例如：非常高的高窗且安装有低效能的玻璃——在窗台板下安装加热器可能会减轻击流的影响。在针对室内舒适的实际可持续性策略中，应对这类玻璃系统进行适当的设计与筛选，以防止室内空气引入时的问题。

　　空气渗漏会对舒适效应产生更为明显的影响。虽然立面不能建造得完全气密，但是假如在组合构造中设置合适的空气隔膜，也能实现对空气渗漏的阻挡。当室内空气压力与室外空气压力存在明显差异时，空气泄漏的现象将会加剧。这种气压差由 HVAC 系统产生，或由高层建筑中垂直空气压力的变化（烟囱效应）造成。假使空气隔膜存在渗漏的现象，明显的建筑物室内外气压差就会导致空气被迫穿透立面。这会造成室外空气被引入室内，或室内经调节后的空气被排出建筑，进而导致需要更多的内部空气来维持热舒适。

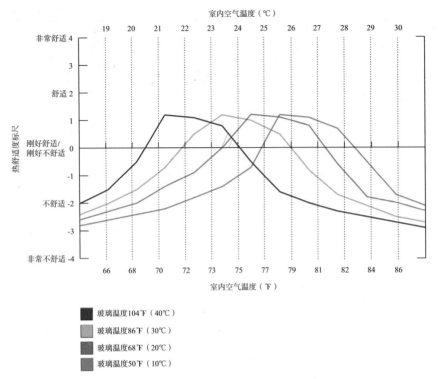

图 3-5　热舒适和玻璃的温度（摘自 Huizenga 等，2006）

总体而言，设计者可运用 4 种策略来改善建筑使用者的热舒适度：

- 寻找最佳窗墙比。在一些环境条件中，需设置较多或较大的窗户以获得更多日光，而另一些环境中，则需设置较少或较小的窗户来增强墙体保温隔热特性和隔声效能。最佳窗墙比应在所有热舒适因素和其他因素之间取得平衡，而让使用者获得总体最佳的舒适性。
- 选择高效能的玻璃材料，尤其注重太阳热得系数与导热系数。
- 设计的遮阳构件可在温暖季节里减少室内太阳热得，在寒冷季节里让直射阳光提供温暖。
- 提供尽可能气密的立面组合构造策略，将所有缝隙密封以限制未受控制的空气流动透过立面。这样可阻隔室外空气渗漏透过外墙，使得经调节后的空气被维持在室内。

日光与眩光

自然采光策略

利用自然采光已成为提高建筑整体能效的重要策略。为使用者提供自然光，可减少日间活动时对人工照明的依赖。因为即使是高能效的照明设备也会产生明显的热量，而广泛地利用自然采光可在减少制冷负荷上发挥作用。

研究表明，日光的效益不仅在于节能，更有利于人体心理和身体的健康。接受自然光的照射对人体的昼夜节律会产生积极的影响，进而提高工作效率与对室内环境的满意度（Edwards & Torcellini，2002）。不同波长和光谱分布的光线对人体具有不同作用，而日光不同于大多数的人工照明，它具有生物体机能所需的全光谱的波长分布。正因如此，相比于其他类型的人工照明，人们在潜意识里更喜欢日光（Libeman，1991）。研究表明，在商业办公空间中，日光能促进工作效率、改善使用者的健康状况、降低缺勤率并节约财政。在教育设施中，这些效益还包括提高学生的出勤率和学习成绩。研究还表明，在医院和一些辅助的居家设施中，引进自然光有利于改善病人与员工的身心健康（Edwards & Torcellini，2002）。

虽然接受日光的照射很少会有（假如有的话）负面作用，但直接暴露在直射日光下依然有利有弊。例如：阳光中的紫外线辐射照在人体的皮肤上，可以产生人体所需的维生素 D。然而，皮肤接受过度的日光照射有可能导致皮肤组织损伤。窗户玻璃通常可阻隔大部分太阳紫外线辐射进入室内。

设计自然采光空间的设计者，需要考虑项目的设计目标和准则，以及项目中各种固定的和可变动的条件。设计目标和准则包括主观特性，如：私密性和外向视野，也包括客观与可测量的特性，如：能源利用和日光照射强度。这些目标和准则一般由项目团队设定（例如：外向视野），或者遵循一般性规范、区域规划条例与标准。考虑视觉舒适性时，设计者需要考虑照明水平、日光分布，以及防止日光直射和眩光的问题。建筑系统的整合也十分重要，因为立面、照明、遮阳构件、HVAC 系统和建筑控制必须协同工作，才能使建筑效能发挥最大的效益。例如：建筑窗户周边区域采用自然采光，并用感光器和调光器控制人工照明，可以降低 HVAC 系统的制冷负荷，也可减小机械设备和管道系统的尺寸。

固定条件是设计者不能调控的。这些条件包括建筑的区位与气候条件，它们分别决定了太阳位置和室外温度，此外还包括周围的建筑、树木、地势和其他会影响日照条件和视野的因素。设计者可控制可变的条件，如：建筑的几何形体和立面设计，包括材料特性、窗户的尺寸和朝向、窗户的遮阳效果。通过理解固定条件，并谨慎地调控可变条件，设计者才能够创造出充分利用自然采光来提高使用者视觉舒适性的空间。表 3-2 所示为固定与可变条件的典型案例：

日光设计考虑的因素　　　　　　　　　　　　　表 3-2

设计目标和准则	固定与可变的条件
视觉舒适性	气候（固定的）
照明	日光可利用度
日光分布	温度
直接日晒	场地和区位（固定的）
眩光	纬度
视觉特性	地区日光可利用度
外向视野	室外遮挡物和周围的建筑
日光质量：颜色、明亮度	地面反射率
私密性	房间和开口特性（可变的）
建筑能源利用 / 成本	几何形态
规范和标准	材料特性与反射率
系统和产品	开口尺寸与朝向
系统整合：立面、照明、遮阳、HVAC 与控制系统	遮阳系统
	照明系统（可变的）
	灯具特性
	环境照明和工作照明
	控制系统
	使用者的活动（固定的）

　　在工作时有适量光照明（自然光或人造光），人们就会形成视觉舒适性的体验。照度是用于测量物体表面所接收的光照强度的物理量。照度的英制单位是英尺 - 坎德拉（fc），国际单位或公制单位是勒克斯（lux）（1 英尺 - 坎德拉 =10.764 勒克斯）。照明工程协会在 IESNA 照明手册中建议了不同类型空间和活动所需的照度水平值（IESNA，2011）。例如：具有黑暗环境的公共空间需要 2～5 英尺 - 坎德拉（20～50 勒克斯）的照度；偶尔进行视觉作业的工作区域需要 10～20 英尺 - 坎德拉（100～200 勒克斯）的照度；长时间进行精细视觉作业的空间，则需要 200～500 英尺 - 坎德拉（2000～5000 勒克斯）的照度。

　　人们对于不同日光照射等级的感受差异呈现出对数变化，而非算数、级数变化。因此，从
20 ~ 50 英尺 - 坎德拉的改变与从 50 ~ 100 英尺 - 坎德拉的改变所表现出的光照增量相同，均
是增至两倍的光照量。同样地，均增加 25 英尺 - 坎德拉，从 25 增至 50 英尺 - 坎德拉（增加
100%）比从 50 增至 75 英尺 - 坎德拉（增加 50%）的光照增量更大。

　　建筑的朝向和窗墙比影响着室内空间自然光照的可利用度。分析不同季节的日光利用度是
高性能可持续性立面设计过程中的一个重要部分。日照模拟软件，如：由劳伦斯伯克利国家实验
室研发的 Radiance 软件，可用来模拟并研究不同的设计条件。以下案例研究展现了其分析过程
与结果。案例中的建筑是一处研究设施，主要由实验室和办公室构成。建筑位于混合湿润型气
候区（4A 区）。图 3-6 所示为 6 月 21 日与 12 月 21 日，建筑的两个立面和临近建筑的日影投射。
在该案例研究中，对比了两个室内实验室空间。两间实验室均在长向的东北向立面设有带型窗，
其中实验室 1 还在短向的西北向立面设有落地窗。实验室 1 的窗墙比为 65%，实验室 2 的窗墙
比则为 55%。

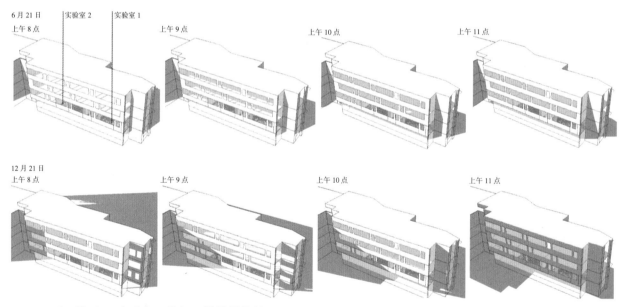

图 3-6　立面朝向、实验室区位与日影投射状况

使用劳伦斯伯克利国家实验室的 Radiance 软件，对这两间实验室的状况进行模拟。图 3-7 比较了这两间实验室在 6 月 21 日早上 10 点的日光照射等级，从平面视角和三维视角展现了室内空间的日光分布。实验室中的建议照度值为 50 英尺 - 坎德拉（560 勒克斯）。实验室 1 比实验室 2 的窗墙比高，因此日光照射等级也更高；即使是在内墙位置，也有足够的日光照射等级。且在实验室 1 中通高窗户旁边的角落处还分布有明显的"热点"。与实验室 1 相比，实验室 2 的日光照射等级相对较低，但更均匀，但在进入室内大约一半位置的日光照射等级就已降到建议照度水平以下。

图 3-8 所示为这两间实验室在 12 月 21 时的日光照射等级。由于该地区冬季室外日光照射等级较低，因此冬季的日光照射等级明显低于夏季。实验室 1 从距离窗户 9 英尺（约 3m）处开始，而实验室 2 从距离窗户 6 英尺（2m）处开始，日光照射等级便低于建议照度水平了。

采光系统的首要能源设计目标，是让尽可能深的室内空间获得尽可能多的可用日光，采光的次要目标就是能源节约。根据拇指法则，房间内采光区域的深度是窗户高度的两倍。为改善自然日光照射等级的可持续策略，提供了不增加玻璃面积就能增加采光区域深度的方法。

导光板已经成功经济地应用在扩展采光区域中。导光板是安装在窗框内侧的水平翼板，按照建筑规范与装配要求，通常设在高于楼板 80 英寸处。冬季月份时的太阳高度较低，太阳光可通过导光板进入室内，提供辐射热量保持室内温暖。夏季月份时的太阳高度较高，直射光便会被导光板遮挡。不过，太阳光可经导光板表面"反弹"照射到顶棚上，进而反射到室内空间更深处，如图 3-9 所示。这样可通过非直射光有效地扩大采光区域，且仅有少量或者无直射阳光进入建筑。导光板可在表面简单地涂覆浅色涂层，或者可进行更复杂的处理。可在表面覆盖棱镜面镀铝薄膜，以提高反射率。可将导光板制成复合几何形状来适应特定的太阳高度，或可根据季节设计成活动式与可调节式，以满足最佳的光线反射模式。具有斜度的顶棚也可进一步增强非直射光的效果。

半透明玻璃材料可以过滤出均衡的、无眩光的日光。通过在视线高度使用透明观景玻璃，在其他部分使用不透明玻璃，设计者可在为使用者提供外向视野的同时增加采光。

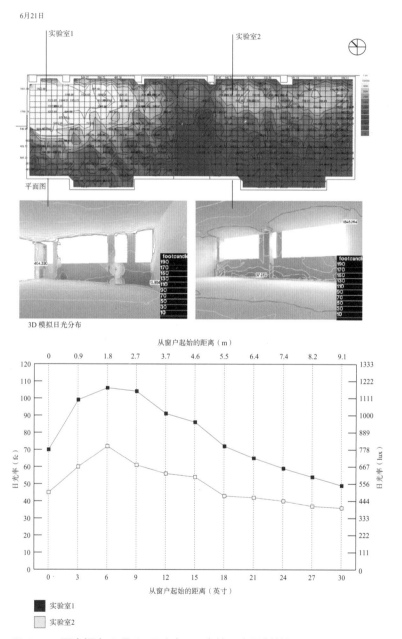

图 3-7　两空间在 6 月 21 日上午 10 点的日光照射等级

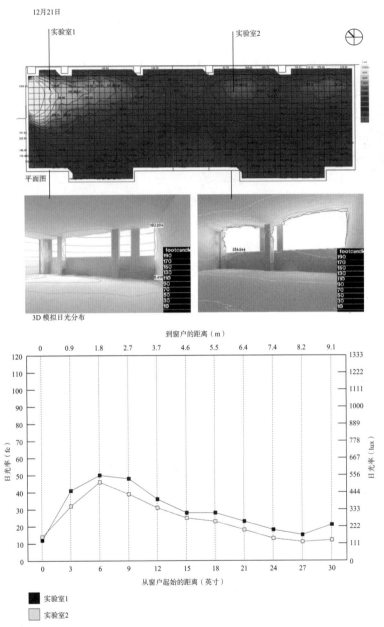

图 3-8　两空间在 12 月 21 日上午 10 点的日光照射等级

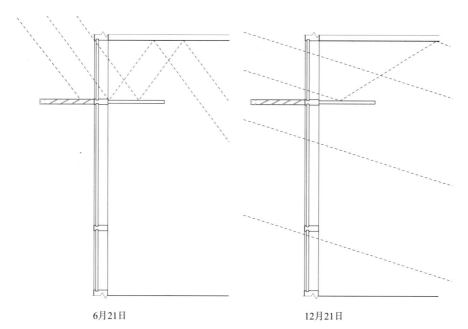

6月21日　　　　　　12月21日

图 3-9　夏季和冬季时导光板的效能图示

漫射光导光系统

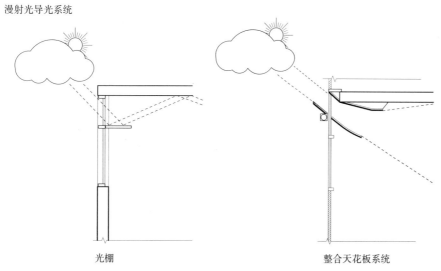

光栅　　　　　　　　整合天花板系统

图 3-10　以多云天气为主地区的立面采光策略图示（摘自 Ruck 等，2000）

　　一个成功的自然采光策略会受到达建筑外围护结构表面日光量多少的影响。以多云天气为主的地区就需采用与多晴天地区不同的采光策略。图 3-10 所示为对多云天气为主的地区有效的采光策略。在高处设置大窗户，并安装导光板就颇有成效。在晴天为主的地区，应采用控制太阳光直射的策略，如:减少窗户尺寸与利用遮阳构件。图 3-11 所示为这些地区的有效策略。表 3-3 列出了应对不同天气状况、气候条件与设计准则的不同策略及其应用效能。

　　案例 3-1 说明了立面设计选择如何影响室内日光照射等级，也说明了导光板或其他导光装置如何提高室内空间的采光效果。

直射光导光系统

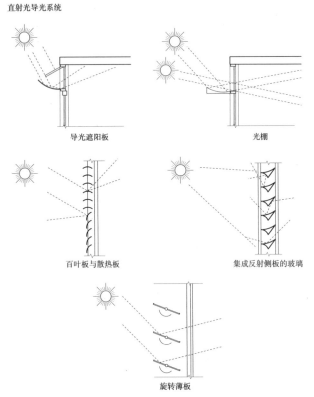

导光遮阳板　　　　　　　　　光棚

百叶板与散热板　　　　集成反射侧板的玻璃

旋转薄板

图 3-11　以晴天为主地区的立面采光策略图示（摘自 Ruck 等，2000）

不同日光条件立面策略的应用效能 表 3-3

类型	策略	气候	系统部位	设计选择时的准则						
				外向视野	光线反射	均衡照明	节能潜力	眩光	追日踪迹需求	
漫射光为主地区的系统	导光板	多云天气的温带气候	高于视线的窗户	+	+	0	0	0	无需	
	Anidolic 整合系统	温带气候	窗户	+	+	+	+	-	无需	
直射光为主地区的系统	导光遮阳板	炎热与晴朗	高于视线的窗户	+	+	0	0	+	无需	
	百叶板与窗帘	所有气候类型	窗户	0	+	+	+	+	无需	
	折光导光板	所有气候类型	位于视线高度上的窗户	+	+	+	+	0	无需	
	外廊反射型玻璃	温带气候	窗户	0	0	0	0	0	无需	
	旋转薄板	温带气候	窗户	0	0	0	0	0	需要	

图例: + 极佳 0 一般 - 极差
来源: Ruck 等，2000

　　该建筑是位于 4A 区（混合湿润型）的医院。图 3-12 展示了南向立面和西南向立面的幕墙设计。立面后是作为等待区域与流动走廊的室内公共空间。

　　幕墙的构成材料有低辐射释出（low-e）保温隔热观景玻璃、不透光窗间墙与低辐射释出（low-e）釉面保温隔热玻璃，视线以上的幕墙框架位置安装有水平遮阳构件。图 3-13 说明了南向立面的水平遮阳板是如何阻挡入射的太阳辐射。由于釉面玻璃的低通视率减少了日光，因此我们研究模拟了几种不同的既可提高日光照射等级，又不增加入射的太阳辐射的策略。可考量的策略包括使用导光板、改造顶棚形式和调整窗间墙与釉面玻璃的位置。

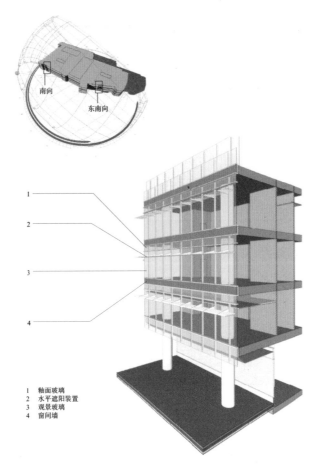

1   釉面玻璃
2   水平遮阳装置
3   观景玻璃
4   窗间墙

图 3-12   立面设计（南向与东南向）

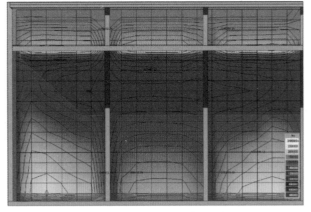

图 3-13   水平遮阳板对入射太阳辐射的影响（南向立面）

针对采光效果，对 3 种设计预想方案进行分析（图 3-14）。方案中的相同参数有层高、窗梃的出挑深度、房间进深和室外水平遮阳板。方案中不同的特性如下：

● 方案 1：在幕墙立面上部设有釉面玻璃，室内空间为普通顶棚；

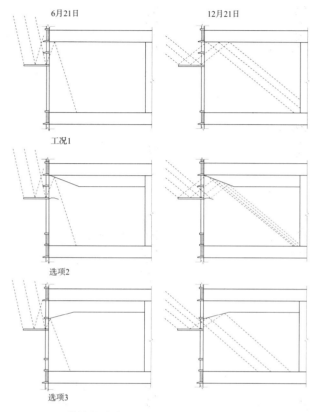

图 3-14　模拟的方案图示

- 方案 2：幕墙设有 1 英尺（0.3m）深的室内铝质导光板、低于窗台的窗间墙玻璃，与从幕墙至室内向下倾斜的顶棚；
- 方案 3：幕墙立面在靠近地板装修的位置设有釉面玻璃，顶棚则从幕墙至室内向上倾斜设置。

利用 Radiance 模拟程序对三种方案的夏季和冬季日光照射等级进行仿真与分析。南向立面的仿真结果如图 3-15（夏季环境）和图 3-16（冬季环境）所示。东南向立面的仿真结果如图 3-17 和图 3-18 所示。

6 月 21 日
南向立面

工况 1

工况 2

工况 3

图 3-15　南向立面在夏季环境中的日光照射等级
（6 月 21 日，正午）

12 月 21 日
南向立面

工况 1

工况 2

工况 3

图 3-16　南向立面在冬季环境中的日光照射等级
（12 月 21 日，正午）

6 月 21 日
东南向立面

工况 1

工况 2

工况 3

图 3-17　东南向立面在夏季环境中的日光照射等
级（6 月 21 日，正午）

12 月 21 日
东南向立面

工况 1

工况 2

工况 3

图 3-18　东南向立面在冬季环境中的日光照射等
级（12 月 21 日，正午）

与方案 1 相比，方案 2 中的导光板与方案 3 中的倾斜顶棚都可以提升日光照射等级。由于方案 2 的视野面积比方案 1 小，因此对于减少太阳热得，同时又不影响室内有效采光而言，导光板和倾斜屋顶是很好的策略。方案 3 中，顶棚从幕墙至室内向上倾斜，以及幕墙下部设有釉面玻璃，也是提高室内日光照射等级、改善光线分布与减少眩光的潜在可能性的良好策略。

案例研究 3.1　疾病控制与预防中心，国家环境健康中心

坐落于疾病控制与预防中心的环境健康实验楼，是一个立面设计平衡了美学与环境目标的案例。其位于佐治亚州的亚特兰大（3A 气候区）。建筑规划内具有不同的功能，包括实验室、办公室、会议室和交通流动空间，每个功能空间的采光需求均不同。每个立面都按照各自的功能需求，结合朝向的平衡来进行设计。因此，每个立面都具有不同的设计考量（图 3-19）。

由 Nick Merick 提供 ©Hedrich Blessing

图 3-19　维护着实验室、中庭与办公室的建筑立面（从左至右）

5 层的中庭分隔了实验室和办公室。开放式实验室中的倾斜顶棚有利于将日光反射至更深的室内空间，如图 3-20 和图 3-21 所示。建筑立面运用了室外垂直遮阳构件与水平百叶板来控制太阳热得和眩光。

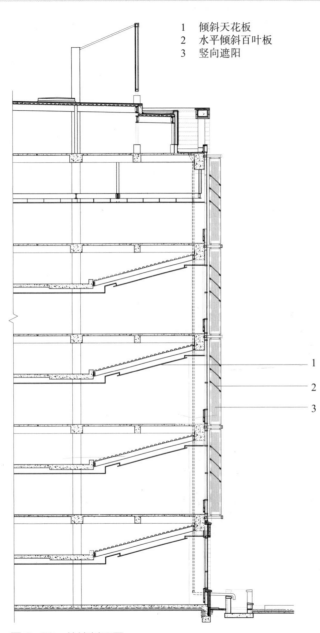

1　倾斜天花板
2　水平倾斜百叶板
3　竖向遮阳

图 3-20　外墙剖面图

由尼克·梅里克提供 ©Hedrich Blessing

图 3-21　实验室倾斜顶棚作为提高日光照射等级的方法

眩光

　　眩光是发生在视野中，相对于其他较暗区域而显得极为明亮的区域。眩光类似于热舒适，是一种主观的心理感受，但也会造成使用者的视觉不适，它也会降低人们的作业效能。人的眼睛可适应大范围的照度水平，但是不能接受在视野范围内出现极为明亮的区域。良好的采光设计可在为视觉性能提供有效光线的同时，控制眩光状况。

　　测量眩光有两种方法，分别为由国际照明协会（CIE）所研发的标准化眩光等级（UGR）与北美照明工程协会所研发的视觉舒适性概率（VCP）两种方法。二者主要用于人工光照明，而非自然采光，但均为运用计算机模拟程序所进行的眩光分析。UGR 指数和 VCP 指数也可利用 Radiance 采光模拟软件进行预测。

通过公式计算所得的 UGR 指数，可用于识别视觉不适性，该公式可计算每处潜在眩光源的位置和亮度与观看者的位置和视角。CIE 提出了下列可接受范围的建议（CIE,1995）：

舒适域：
- 不可感知的：<10；
- 恰好可感知的：13；
- 可以感知的：16；
- 恰好可以接受的：19。

不舒适域：
- 不可接受的：22；
- 恰好不舒适的：25；
- 不舒适的：>28。

VCP 指数是对所给定的视觉环境感到舒适的人群所占百分比率的预估值。例如：VCP 值为 75 表示 75% 的使用者会对他们的视觉环境感到满意。它基于经验性的预测评估，并考虑了光源数量和位置、背景亮度、房间尺寸和形状、材料的表面反射率、照度水平、观察者位置和视线，与不同个体的眩光敏感度差异等因素。

控制眩光的方法起初需要设置合理的窗户尺寸，因为大面积的玻璃通常会导致不可控制的亮度水平和非期待的眩光出现。然而，不透光墙上的小面积穿孔又会形成对比强烈的亮点，导致观看者感觉不适。半透明、漫射光玻璃可有效地减少眩光。导光板、调光器，与其他减少直射日光的方法也可帮助减少眩光。

为了显示可利用日光、房间尺寸、朝向、邻近建筑与眩光之间的关系，我们采用以下案例进行研究分析（图 3-22 至图 3-25）。图 3-22 所示为两间沿着建筑西南向立面的实验室。这两间实验室均设置带室内导光板的小型、相同尺寸的窗户。两个空间的平面均进深长且狭窄。针对这类型空间的推荐照度水平为 60 英尺 - 坎德拉至 150 英尺 - 坎德拉（667 勒克斯至 1667 勒克斯）。

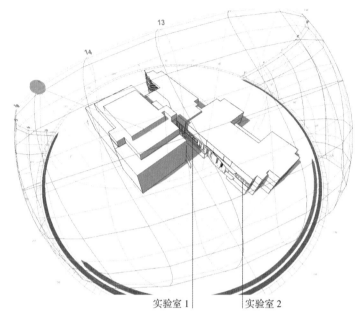

实验室 1　　　实验室 2

图 3-22　实验室的区位模拟

首先，我们要决定这两个空间中的日光照射等级。图 3-23 模拟了 6 月 21 日下午 2 点的日光照射等级。由于两个空间具有相近尺寸、相同朝向与相似的窗户配置，因此，可预期出现相似的采光模式。然而，邻近建筑遮挡了部分到达实验室 1 立面的阳光，见图 3-22。因此，实验室 1 获得的日光照射等级低于实验室 2，也未达到建议的日光照射等级。实验室 2 在靠近窗户处有较高的日光照射等级，但随着与窗户之间距离的增加，日光照射等级已明显下降。当距离 9 英尺（2.7m）时，日光照射等级就低于建议的日光照射等级了。

图 3-24 所示为两间实验室在 12 月 21 日下午 2 点时的日光照射等级。实验室 1 在距离窗户 3 英尺（0.9m）内有可利用日光，实验室 2 则在距离窗户约 6 英尺（1.8m）内有可利用日光。

眩光的影响因素为何？在窗户和不透光表面之间的高强度光照对比就会引起眩光，图 3-25 所示为用于计算 UGR 指数和 VCP 指数的内视图。计算时间为 6 月 21 日的下午 2 点和下午 5 点，与 12 月 21 日的下午 2 点。结果如表 3-4 所示。

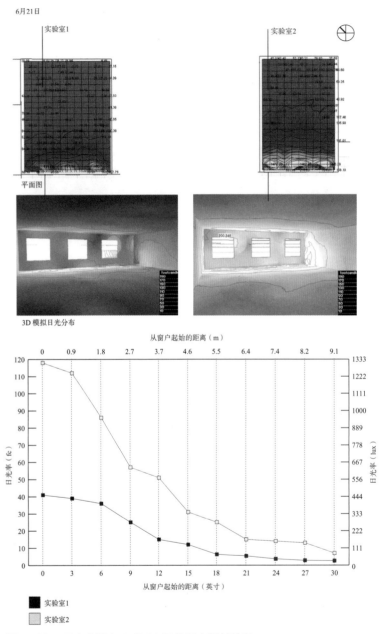

6月21日

实验室1　　　　　　　　　　　　　　　实验室2

平面图

3D 模拟日光分布

图 3-23　两个空间在 6 月 21 日的日光照射等级

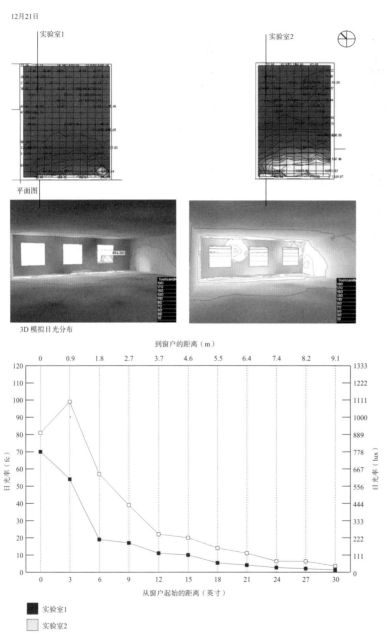

图 3-24　两个空间在 12 月 21 日的日光照射等级

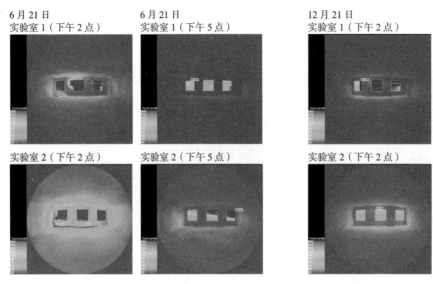

6 月 21 日
实验室 1（下午 2 点）

6 月 21 日
实验室 1（下午 5 点）

12 月 21 日
实验室 1（下午 2 点）

实验室 2（下午 2 点）

实验室 2（下午 5 点）

实验室 2（下午 2 点）

图 3-25　决定出现潜藏眩光可能的室内空间鱼眼透视图

图 3-25 所示两个空间的眩光指数　　　　　　　　　　　　表 3-4

眩光	实验室 1			实验室 2		
	6 月 21 日（2:00 p.m.）	6 月 21 日（5:00 p.m.）	12 月 21 日（2:00 p.m.）	6 月 21 日（2:00 p.m.）	6 月 21 日（5:00 p.m.）	12 月 21 日（2:00 p.m.）
UGR 指数	27.5	22.8	26.9	23.3	23.3	15.4
VCP 指数	9.3	35.3	11.6	12.8	21.1	66.4

　　眩光分析显示这两个空间中的使用者，在特定时间内均会感到眩光带来的不适。房间进深长而狭窄的空间形体，与相对于不透光墙体而言，尺寸较小的窗户，均会导致这一结果。实验室 1 在 6 月 21 日下午 2:00 时，UGR 为 27.5，接近于不舒适域的临界末端。仅有 9.3% 的使用者对该视觉条件感到满意。在这之后下午时段的几个小时里视觉环境逐渐改善，UGR 降到 22.8，仍处于不能接受阶段。VCP 指数表明不到一半的使用者（35.3%）会对此时的视觉条件感到满意。实验室 2 在同一日期同一时间的 UGR 为 23.3，也处在不舒适域。这也被 13% 的 VCP 指数所证实，说明仅有少数使用者会感到满意。

　　冬季月份的眩光分析可以讲述不同的故事内容。12 月 21 日下午 2:00 实验室 1 的 UGR 为 26.9，依然处在不舒适域。VCP 则显示不到 12% 的使用者对此时的视觉条件感到满意。相对地，实验室 2 出现了意想中的改善。UGR 为 15.4，空间正好处在舒适域，同时也会存在可以察觉但还可接受的眩光。VCP 指数为 66.4%，表示大约有 2/3 的使用者对此视觉条件感到满意。

为什么这两个空间在冬季时会出现如此大的差异？很简单，邻近建筑遮挡了射入实验室 1 的阳光。在夏季月份时，太阳高度足够高，阳光可跨过遮挡物到达实验室 1 的窗户。然而在冬季，遮挡物阻挡了大部分低角度的阳光。如果没有遮挡物，实验室 1 冬季的采光与眩光水平就可能与实验室 2 相似。

该案例研究说明了房间形态、窗户尺寸和朝向、外部遮挡物与季节变化均会对采光与眩光的潜在可能产生影响。

声舒适与空气质量

声学

良好的声学设计可减少不利的噪声，并接受所需的声响。外部噪声源，如：交通、工厂、航空线路，均会影响使用者的听觉舒适感。然而，并非所有的噪音都是不需要的，人们会无意识地利用周围声音来确定自己在建筑中的位置，帮助自己理解一天中的时间，以及为语音隐私提供一个"白色"背景噪声（Reffat & Harkness，2001）。因此，人们更喜欢相对安静的室内环境，而不是完全没有作业环境声响的场所。使用空间的常规声环境是由多种声源综合形成的，如：通风口、设备（空调、电脑、电话等）、音乐、人声（来自这一空间或邻近空间），以及室外环境。只要这些声音没有形成干扰，而使用者也没有意识到它们，那么这些作业环境声响就是可接受的。

已有多种成熟的方法可针对室内空间的声学质量进行评估，如表 3-5 所示。每种方法均能对声学性能的不同方面进行评估，当然并非所有的方法都会与立面设计相关。

室内空间的声舒适因素 表 3-5

声舒适因素	说明	单位
背景（环境作业）噪声水平	室内空间的常规噪声量分布	dB
噪声准则	相对空间响度	NC 等级
墙体、隔板、楼地板的声音传透等级	墙体、隔板或楼地板组合构造阻隔空气传声的能力	STC
楼地板和顶棚组合构造对撞击声阻隔等级的评量	楼地板或顶棚阻隔撞击声透过结构体的能力	IIC

声舒适因素	说明	单位
室内外传透等级	外部围护结构组合构造阻隔空气传声的能力	OITC
噪声衰减系数	不同材料的声音吸收效率等级评量	NRC

声音传播等级（STC）评定体系是用来表示使用者在房间中听觉经验的一种方法，可通过测试来确定隔墙和楼板的 STC 等级。STC 是测量一定频率范围内（125～4000 Hz）声学性能的物理量，这一范围包含着大多数的日常室内声响，特别是人们说话的声响。国际建筑规范详细规定，居住建筑之间，以及居住建筑和公共空间之间的墙体、隔墙、与楼地板和顶棚组合构造的空气传播声响，其 STC 评量等级应达到 50 及以上（ICC，2012）。撞击声隔绝等级（IIC）的评定类似于 STC，然而，它是用来表示透过结构，尤其是楼地板或顶棚，所传输的撞击声。

STC 等级评定体系在 1970 年被引入，现已成为室内隔墙和楼地板组合构造声学设计的标准工具。然而，由于该体系基于与人们的言语和常规家居活动声响相关的中频与高频声响，因此对低频的室外声响就显得有所不足。ASTM 在其中的 E413 标准中对 STC 评级做出了规定，说明了 STC 评级方法是不适用于某些声源的，如：机动车、飞机，以及火车（ASTM，2010）。

另一种评价建筑组合构造声学性能的方法是室外—室内传输等级（OITC），它在 1990 年被引入，特别针对常规的室外声响——尤其是飞机的起飞、附近的铁轨，或者繁忙的高速公路发出的声响（即飞机、火车和汽车发出的声响）。OITC 的频率范围在 80～4000Hz 之间，不仅包含了整个 STC 的频率范围，还包含了更低的频率范围。与 STC 评级类似，OITC 体系也用一个数字来评量产品或材料构造的声学性能。对于 STC 和 OITC 而言，数字越大，产品或组合构造的声学性能也就越好。

决定 OITC 评级的计算必须基于谨慎控制的实验室测试或产品或组合构造的现场测试。很多标准窗户、门、幕墙、保温隔热材与接缝密封材的生产商都为他们的产品提供了 OITC 评级。然而，定制的系统与组合构造通常必须在声学测试设施或现场进行检测，以确定其 OITC 评级。

对于高性能立面而言，ASHRAE 建议综合 OITC 评级至少达到 40。开口区域的 OITC 评级则至少需达到 30（ASHARE，2009）。

设计人员可遵循以下一般性原则，来改善立面的声学性能：

- 增加材料质量。一般而言，材料的质量越大，声传损失也就越大。
- 使材料的频率与主要声音的频率匹配共振。当声音频率与材料的共振频率相匹配时，声音的能量就会被材料所吸收，进而形成较大的声传损失。
- 增大空气间层的宽度。
- 提供隔声层。与热桥类似，穿过空气间层的固体材料会帮助声音穿过墙体。而隔声层则可阻挡声音传输。
- 在不透光墙体内的空腔中，填充具有所需的热工性能和声学性能评级的隔绝材料。
- 采用不同材料层的组合。这可使墙体材料不连续，使声波从一种材料传播到下一种材料时更为困难。
- 最后，可能也是最基本的原则，密封墙体组合构造中的空气渗漏处。空气渗漏处为声波透过单一介质（空气）从室外进入室内提供了连续的路径。

以上原则的部分内容只适用于不透光墙体。对于透光型立面而言，设计人员需采用其他策略来改善声学性能：

- 对较厚的玻璃而言，可增加声波必须穿过的体量。然而，除因特殊原因（如：要求防弹性能）需超出常规厚度的玻璃，加厚玻璃的方法并不是一种可显著地改善声学性能的经济方法。玻璃厚度从 1/4 英寸提高到 1/2 英寸可使 OITC 值从 29 增加至 33，同时也使 STC 值从 31 增至 36。
- 层压玻璃可提高单层玻璃窗户的声学性能。玻璃内部的压层形成了材料的不连续性，这样可抑制声音振动。一般 1/4 英寸厚的层压玻璃，是由两层 1/8 英寸厚的玻璃板和 0.060 英寸厚度的层压间层所构成，其 OITC 值可达 32，STC 值可达 35。
- 标准空气填充隔声玻璃单元，具有比大多数单层玻璃窗户更佳的性能（1 英寸厚的隔声单元，具有 1/2 英寸厚的空气层，其 OITC 值可达 26 ~ 28，STC 值可达 31 ~ 33）。
- 在 1 英寸厚的空气填充隔声单元中采用一层或者两层层压玻璃，将进一步地提升声学性能。采用一层 1/4 英寸厚的层压玻璃板，能让隔声单元的 OITC 值提升到 28 至 30，STC 值提升到 34 ~ 36。当采用两层 1/4 英寸的层压玻璃板时，OITC 值和 STC 值分别提升到 29 ~ 31 和 37 ~ 39。

- 采用中间层为玻璃或层压薄膜的三层隔声玻璃单元，也可进一步提高声学性能。
- 当隔声单元的玻璃层间被"软性"的物质分隔开时，声学性能将得到改善。
- 增加第二层内层玻璃，并通过重要空气层与外部隔声单元分开，可带来更优的声学性能。由标准的 1 英寸厚隔声单元、2 英寸厚空气层，与 1/4 英寸厚的中间层玻璃所组成的玻璃构造，其 OITC 值可达 32 ~ 35，STC 值可达 42 ~ 44。当隔声单元中的某层与单独内层使用层压玻璃时，OITC 值和 STC 值将分别达到 35 ~ 37 和 44 ~ 46。

以上大部分措施都可在改善立面声学性能的同时改善热工性能。

当建筑利用自然通风来节省能耗时，相比于完全密封的墙体，我们可预想会有更多的声音穿过外墙。对于自然通风的建筑而言，应当允许更高的室内噪声等级（Field，2008）。研究表明可接受的室内噪声等级最高可达 65dB（相当于离正常对话 3 英尺远）（Ghiaus & Allard，2005）。穿过建筑立面的室外噪声量可通过计算预测得到，包括由自然通风开口带来的噪声。如果预测表明不能达到可接受的声舒适，可在设计中增加一些衰减构件，如：隔声百叶与白噪声发生器（De Salis 等，2002）。

新兴的立面技术，如：双层玻璃立面，也能改善外墙的声学性能。有关双层幕墙立面的详细探讨见第 4 章。

空气质量

可接受的室内空气品质（IAQ）用于定义污染物没有达到有害浓度的室内空气，并可使至少80% 的使用者感到满意（ASHRAE, 2007）。

IAQ 影响着使用者的健康与舒适，是可持续性、高性能建筑的整合设计元素。不可接受的空气质量来源包括微生物污染物（如霉菌、细菌）、气体（包括一氧化碳、氡和挥发性有机化合物），以及微粒和其他空气污染物，所有这些物质均会影响建筑使用者的健康。合格的 IAQ 受到很多建筑系统的影响，如：HVAC 系统、空气混合技术、室内装修材料与建筑作业。然而，由于透过建筑外围护结构的空气渗透与泄露也会影响 IAQ，因此，在进行立面设计时必须考虑这些因素。

当室外空气透过立面的裂缝进入室内就会发生空气渗透。穿过立面的空气压力决定着空气渗透量。可以利用密封开口并在组合构造中设置空气隔膜来减缓。优良的设计与正确装设的空气隔膜，能够阻止透过外墙组合构造的空气流动。空气隔膜可调控非控制与受控制空间之间的空气流通，并抵抗气压差、烟囱效应与风荷载。空气隔膜应具有应对空气流动的抗渗透性，并且在整个建筑外围护结构中保持连续，以有效地阻止空气流动，它还可阻隔空气污染物进入室内。然而，没有外墙能被设计或被建造得完全气密，因此易发生的空气渗漏是预想之中的；外墙组合构造的性能规格应详细地设定与工业标准一致的容许空气渗透的最大值。

本章小结

在本章中，我们探讨了使用者的舒适性是如何成为设计可持续性、高性能立面的准则之一。任何可持续性立面的目标均是使用尽可能少的能耗，为使用者提供热、视觉和声的舒适。因此，理解认识所包含的原理、测量方法与可利用的设计策略就成为了设计过程中的关键要项。

参考文献

Arens, E., Zhang, H., and Huizenga, C. (2006). "Partial- and Whole-body Thermal Sensation and Comfort, Part I: Uniform Environmental Conditions." *Journal of Thermal Biology,* Vol. 31, No. 1–2, pp. 53–59.

ASHRAE. (2004). *ASHRAE Standard 55-2004 Thermal Environmental Conditions for Human Occupancy.* Atlanta, GA: American Society of Heating, Refrigerating, and Air-Conditioning Engineers.

ASHRAE. (2007). *ANSI/ASHRAE Standard 62-1-2007 Ventilation for Acceptable Indoor Air Quality.* Atlanta, GA: American Society of Heating, Refrigerating, and Air-Conditioning Engineers.

ASHRAE. (2009). *ANSI/ASHARE/USGBC/IES Standard 189.1 for the Design of High-Performance Green Buildings.* Atlanta, GA: American Society of Heating, Refrigerating, and Air-Conditioning Engineers.

ASTM. (2010). *ASTM E 412-10 Classification for Rating Sound Insulation.* West Conshohocken, PA: ASTM International.

CIE. (1995). *CIE 117-1995 Discomfort Glare in Interior Lighting.* Vienna, Austria: International Commission on Illumination.

De Salis, M., Oldham, D., and Sharples, S. (2002). "Noise Control Strategies for Naturally Ventilated Buildings." *Building and Environment,* Vol. 37, No. 5, pp. 471–484.

Edwards, L., and Torcellini, P. (2002). *A Literature Review of the Effects of Natural Light on Building Occupants* (NREL/TP-550-30769). Golden, CO: National Renewable Energy Laboratory.

Field, C. (2008). "Acoustic Design in Green Buildings." *ASHRAE Journal,* Vol. 50, No. 9, pp. 60–70.

Ghiaus, C., and Allard, F., eds. (2005). *Natural Ventilation in the Urban Environment: Assessment and Design.* London, UK: Earthscan.

Huizenga, C., Hui, Z., and Arens, W. (2001). "A Model of Human Physiology and Comfort for Assessing Complex Thermal Environments." *Building and Environment,* Vol. 36, pp. 691–699.

Huizenga, C., Zhang, H., Mattelaer, P., Yu, T., Arens, E., and Lyons, P. (2006). *Window Performance for Human Thermal Comfort* (Final Report to the NFRC). Berkeley, CA: Center for the Built Environment, University of California.

ICC. (2012). *2012 International Building Code.* Country Club Hills, IL: International Code Council.

IESNA. (2011). *IESNA Lighting Handbook,* 10th ed. New York, NY: Illuminating Engineering Society of North America.

Liberman, J. (1991). *Light Medicine of the Future.* Santa Fe, NM: Bear & Co.

Reffat, R., and Harkness, E. (2001). "Environmental Comfort Criteria: Weighting and Integration." *Journal of Performance of Constructed Facilities,* Vol. 15, No. 3, pp. 104–108.

Ruck, N., Aschehoug, O., Aydinli, S., Christoffersen, J., Courret, G., Edmonds, I., Jakobiak, R., Kischkoweit-Lopin, M., Klinger, M., Lee, E., Michel, L., Scartezzini, J., and Selkowitz, S. (2000). *Daylight in Buildings: A Source Book on Daylighting Systems and Components.* Berkeley, CA: Lawrence Berkeley National Laboratory and International Energy Agency (IEA) Solar Heating and Cooling Programme and Energy Conservation in Buildings & Community Systems Programme.

第 4 章

立面设计的新型技术

自 19 世纪中叶以来,建筑形式与功能的革新一直依靠于建筑科学、材料与技术的进步。新型或改进的建筑材料,为建筑表达与设计的革新提供了巨大的契机。冶金业的进步使得钢材与铝材成为建筑立面的经济材料选择。因为通风与线路铺设架高的楼板,最初是为计算机与其他设备空间预留的,现在则广泛应用于各种使用用途。轻质材料与新型技术的结合,与平衡低造价与高效能的重要性不断增加,使得研发室外幕墙成为最有效且最经济的立面覆面解决方案之一。

立面技术的新近发展呈现出三个趋势。第一是小尺度方法:涂层、薄膜、先进的玻璃技术与先进材料,均已发展到可在微观层面上改善立面性能。第二是向大尺度创新,如双层幕墙立面。第三个趋势是在建筑表皮内增加集成能源产电构件。每个发展趋势的功能性效能均一致:将室内与室外环境分隔,减缓不良的室外环境影响,并用最小的能耗维持内部使用者的舒适环境。在本章中,我们会将目光聚焦在一些投入使用或处于研发中的新型技术上。

新型材料与技术

先进立面材料

ETFE(乙烯,四氟乙烯)是一种涂有 Teflon®(特氟龙)覆膜的含氟聚合物材料,可吹塑或挤塑制成大型、耐久的薄片板。ETFE 可抵抗紫外光(UV)与大气污染的降解。为适应不同的使用条件,它可被制造成单层薄片板,或双层、三层的空气填充"气垫"。ETFE 是一种维护费用低、可循环利用的材料,而且与玻璃相比,它的重量轻得多。单独的 ETFE 单层薄片板,其热工性能与声学性能非常差,并不能应用于立面中。然而,当使用双层或三层时,它便具有非常良好的热学特性,原因在于层间填充的空气可作为隔热材料。这种空气填充气垫能够通过气泵,根据风荷载维持恒定气压,使得建筑表皮随着荷载的变化而作出相应的调整。ETFE 并非织物材料,不能用作自支持的张力结构,故以加压的空气作为替代来支撑气垫,使之完整。此外,还有附加结构,通常是铝制压件、钢条或是钢索,用以支撑气垫。图 4-1 所示为具有支撑结构的三层 ETFE 空气填充气垫。

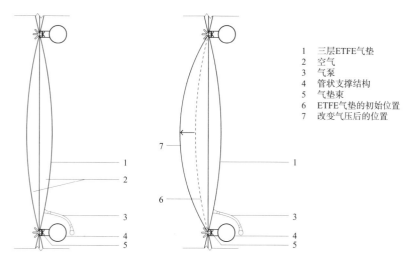

1　三层ETFE气垫
2　空气
3　气泵
4　管状支撑结构
5　气垫束
6　ETFE气垫的初始位置
7　改变气压后的位置

图 4-1　由管状挤压结构支撑，并根据气压变化而改变外层位置的三层 ETFE 气垫图示

ETFE 膜是一种可燃材料；然而，因其化学成分中含有氟，故原有材料的可燃性低，这使其可自行熄灭。此外，由于它通常处于受拉抗张状态，当温度超过 390 ℉（200℃）时，ETFE 便会软化，并最终失效。（LeCuyer，2008）

ETFE 膜由薄膜组成，并不能很好地隔离室外声音。因此，如暴雨击打表面产生的撞击声，便会传入室内。对于一些建筑功能环境，如娱乐设施、游泳池、或是中庭，则影响不大。然而，对于图书馆、博物馆与其他声学要求较高的空间而言，就会成为问题。而在 ETFE 气垫外表面铺设网格或网状物，可减缓撞击声的影响。

为让光线进入室内空间，ETFE 主要以透明材料来进行生产。为减少太阳热得，可在膜上印制不透光的玻璃釉层（如：点状、条纹状或其他图案）。图案越密集，ETFE 所提供的阴影面积就越大。通过在三层气垫系统的外侧膜与中间膜上设置精心排列的模式图案，并通过改变气垫内侧气腔的空气压力，就可实现对阴影面积的改变。图 4-2 说明了如何进行工作，右侧图示说明晴朗条件时的气垫构造。由于气垫内侧气腔的气压大于外侧气腔，因此中间膜与外侧膜几乎相贴。在这个构造中使用了排组不透光模式图案，因而阻挡了大部分的太阳光。在左图中，当太阳光并不强烈时（例如：阴天或多云天），可通过调节内外气腔的气压，将中间膜牵引离开外侧膜，让日光穿过不透光涂层的模式图案进入室内空间。

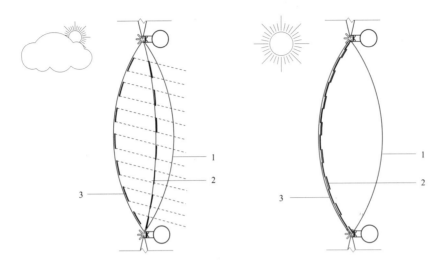

1　三层ETFE气垫的内层膜
2　涂有釉料图案的中间层膜
3　三层ETFE气垫的外层膜

图 4-2　通过改变印刷有不透光模式图案的三层 ETFE 膜的空气压力，而形成的可变换的遮阳模式图示

　　气凝胶是一种几乎全由空气组成的固体合成物，它在所有已知固体物质中密度最低。因气凝胶的密度低，故其具有极低的导热系数，也因此在对隔热性能要求高之处，它可作为一种理想的材料。运用气凝胶嵌入的商业性玻璃产品最近已问世。在这些产品中，将气凝胶结合融入聚碳酸酯薄片间，形成半透明的覆层材料。另一种方法则将二氧化硅气凝胶以颗粒状的形式，填充在隔热单元的玻璃层之间（图 4-3），或填充在槽型玻璃的空腔内。气凝胶具有憎水性（即阻挡潮气）且不燃，还具有良好的声学性能。气凝胶填充玻璃的热阻 U 值在 0.10Btu/hr-ft²- ℉（0.57W/m²-°K）至 0.18 tu/hr-ft²- ℉（1.00W/m²-°K）之间，比标准隔热玻璃单元更优越，后者的 U 值很少低于 0.25Btu/hr-ft²- ℉（1.43W/m²-°K）。二氧化硅气凝胶是半透明的，因此可很好地将漫射日光导入室内。然而，这样的半透明性也导致其不合适作为观景玻璃。

　　真空隔热玻璃单元相比于标准的空气或惰性气体填充的隔热玻璃单元而言，其热阻性能得以改善。这些单元在两层玻璃之间，运用真空来提高组合构造的热阻性能。在这两层玻璃间实际上是不存在热传导或热对流的，这是由于热传时没有气体作为媒介。设在 2 号与 3 号玻璃表面的低辐射释出（low-e）涂层，明显可减少透过玻璃的热辐射，也使得传导、对流或辐射的热传量降低。真空隔热玻璃单元的 U 值可低于 0.10Btu/hr-ft²- ℉（0,57W/m²-°K）。

两层玻璃间的真空可形成负压状态，使两层玻璃拉向彼此。为抵消此作用力，可在玻璃间放置网格状垫片，如图 4-4 所示。这些垫片或支撑材均由低导热性材料制成，并在间隔几英寸处双向放置。真空隔热玻璃单元通常很薄（介于 1/4 ~ 1/2 英寸之间），这使它非常适用于现存框架上安装高性能玻璃的要求——在建筑更新工程方案中常见。

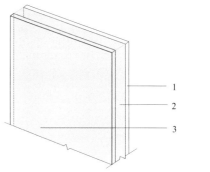

1　内层玻璃片
2　气凝胶
3　外层玻璃片

图 4-3　气凝胶隔热材料一体化的玻璃单元图示

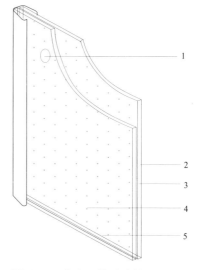

1　保护帽盖
2　内层玻璃片
3　真空
4　微型隔垫片
5　外层玻璃片

图 4-4　真空隔热玻璃单元图示

真空隔热嵌板（VIPs）是一种新型的隔热材料。它由核心隔热材料（通常为硅或玻璃纤维），结合气密、真空密封的薄膜表皮所组成。VIPs 的热传导性仅有传统隔热材料的 1/7（Wang 等，2007）。VIPs 不是饰面材料，因此应当应用于不透光型立面构件内或设在幕墙的窗间墙后。由于 VIPs 具有良好的隔热质量，因此可在不损害外墙热工性能的同时减少其厚度。

智能材料

生物体能够适应环境条件的变化，物理与材料科学的进步可带来智能材料的发展，此材料能够模仿生物体对于不同的室内与室外声学、光学与环境条件的实质的反应（Spillman 等，1996）。

智能材料具有多种类型；形状记忆合金、光纤维传感器、电活性材料（压电、电致拉伸、磁致拉伸、电流变、热电与电致变色）、相变材料、自洁材料与光伏材料。部分智能材料已运用于建筑立面并得到商业性使用。这些材料包括立面集成化光伏板、电致变色玻璃、自洁材料、相变材料与光纤。

其他材料仍处于发展阶段，或许并不适用于立面。例如：应用压力产生电力的压电材料，在立面上仅有少量应用。热电材料可转换温度产生电能，也得到了商业性的应用，然而此材料在建筑立面中的应用始终处在研究阶段。由于热电材料可生产的能源产量相对较低，因此对于建筑的整体能源使用也就无法产生显著的冲击影响。

电致变色玻璃粘合有一层薄膜，在施加电压作用时，这层薄膜就会改变透明度。例如：透明的电致变色玻璃可变为暗色，如图 4-5 所示。玻璃可在不额外增加电力的情况下维持暗色。若要使玻璃回到透明状态，再次施加电压即可。玻璃在变暗（或者变亮）时需几分钟时间，会先从玻璃边缘开始，再扩展到中心，这种玻璃可为建筑提供可调控的动态遮阳。其通视率范围是 60%（透明状态）～ 4%（着色状态），而太阳热得系数（SHGC）则是从透明时的 0.48 到着色状态时的 0.09。使用这种类型的玻璃，尽管在改变玻璃颜色时使用了能源，但仍可减少建筑的整体能耗。

悬浮微粒装置（SPD）玻璃由悬浮在透明导电材料中的液晶薄片层所组成，该薄片层设在两层玻璃层之间。可利用电压来控制通过玻璃的光照量。在 SPD 正常不通电的状态下，液晶会呈现随机布局的状态；当光线散射在液晶之间时，会使玻璃呈现出半透明景象。

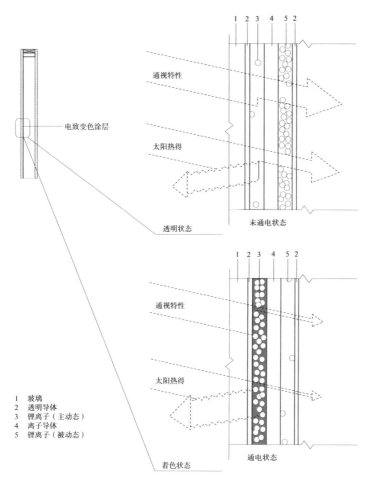

图 4-5　电致变色玻璃图示

　　施加电压时，晶体颗粒就会整齐排列，可允许光线通过材料，并使玻璃变得透明，如图 4-6 所示。SPD 玻璃主要用于室内空间的私密性控制；此时要求玻璃几乎在瞬间完成从透明到半透明之间的转换。然而，这对能源的节约所产生的影响并不明显，因此这项技术并未被推荐用于建筑外围护表皮中。

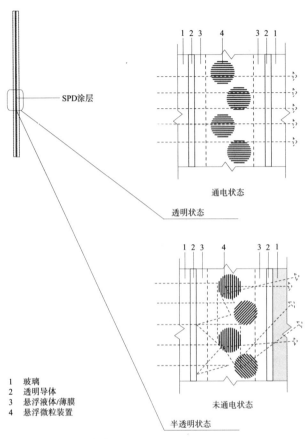

SPD涂层

透明状态

通电状态

1 玻璃
2 透明导体
3 悬浮液体/薄膜
4 悬浮微粒装置

未通电状态

半透明状态

图 4-6   SPD 玻璃图示

自清洁玻璃主要是在 1 号表面或是外表面，利用二氧化钛薄层，作为光催化作用的覆膜。光催化剂是一种运用太阳光的紫外波谱，来促使化学作用反应的化合物。当暴露在阳光下时，二氧化钛就会发生强烈的氧化反应，将有害的有机物与无机物转化成无害的化合物。玻璃的自清洁过程包括两个阶段，如图 4-7 所示。在光催化阶段，当玻璃暴露在阳光下时，有机污物被分解。接下来，在亲水阶段，雨水带走松散的残留颗粒，将污物从玻璃上冲刷掉。这是一种不需要高昂的维护成本，就能保持玻璃清洁的有效方式。然而，在降雨短缺的常干旱地区，第二个阶段可能需加入一些人为的介入处理与维护。研究中已表明，自清洁玻璃还有助于降低在密集城市地区的空气污染（Chabasa 等，2008）。

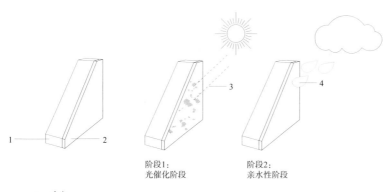

阶段1：
光催化阶段

阶段2：
亲水性阶段

1　玻璃
2　光催化涂层
3　紫外线光
4　降雨

图 4-7　光催化涂层玻璃自清洁过程的两个阶段示意图

　　自清洁能力并不仅局限于玻璃。二氧化钛可应用于其他类型的材料，如：混凝土，以产生自清洁效果。由光催化水泥制成的混凝土所产生的自清洁混凝土板，可清除来自空气中的污染物；不过，光催化水泥并不影响混凝土的强度（Cassar，2004）。

　　相变材料（PCMs）在室温时是固态，但在高温下就会液化，并在此过程中吸收并储存热量。PCMs 可以是有机物（如蜡类），或是无机物（如盐类）。当 PCMs 与建筑表皮结合时，白天可吸收室外较高的温度；到了晚上，则将热量释放到室内。PCM 产品已经商业市场化，如带有集成 PCM 的三层隔热玻璃单元（IGUs）。这类 IGUs 由四层玻璃和三层隔热间隙所组成（如图 4-8 所示）。最外层间隙内置放棱柱形嵌板，在这两层外间隙内侧填充惰性气体，内层间隙则填充封装在聚碳酸酯容器中的 PCM。这种类型的 IGU 可作为被动式热源。在冬季月份，棱柱形嵌板会让低照射角度的阳光穿过玻璃层，并加热 PCM。这可使 PCM 液化并向室内散热。在夏季月份，棱形嵌板则会形成隔障，将高照射角的光线反射在室外，使 PCM 维持在固体状态。这类玻璃的隔热性能非常好，商业产品发布的 U 值为 0.08 Btu/hr-ft^2-$^\circ$F（0.48W/m^2-$^\circ$K）。PCM 在固态时的通视率在 0% ～ 28% 之间，SHGC 值最低可达 0.17，最高可达 0.48。液态 PCM 的通视率在 4% ～ 45% 之间，SHGC 最高可达 0.48，最低可达 0.17。不论是固态还是液态，PCM 都会使玻璃呈现出半透明状态，因此，这类材料并不适合设置在需要外向视线之处。

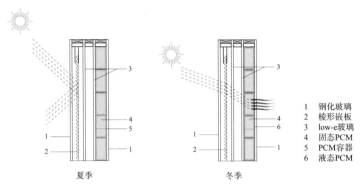

1	钢化玻璃
2	棱形嵌板
3	low-e玻璃
4	固态PCM
5	PCM容器
6	液态PCM

图 4-8   集成 PCM 的三层隔热玻璃图示

　　光伏（PV）玻璃集成了可从阳光产生电能的晶硅太阳能电池或非晶硅薄膜电池。在光伏玻璃中，光伏组（PVs）集成在层压或双层玻璃单元内。PV 玻璃一般有两种类型：半透明型与不透明型（图 4-9）。半透明型 PV 玻璃与带有图案的陶瓷釉料相似，可让部分光线穿过玻璃，还可为使用者提供外向视线。不透明型 PV 玻璃则使用固态光伏组（PVs），适用于玻璃窗间墙，或立面中其他无需视线的区域。本章后续以一张剖面图来更为详细地探讨产能立面中的光伏组（PVs）应用与其效能。

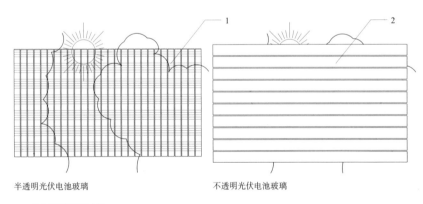

1　非晶硅薄膜光伏电池
2　晶体硅光伏电池

图 4-9   半透明型与不透明型光伏（PV）玻璃

表 4-1 比较了在前两节所讨论的先进与智能玻璃材料的标准高效能玻璃产品（在此案例中为双层玻璃，空气填充玻璃，低辐射释出（low-e）玻璃单元）

标准高效能产品的商业化新型立面玻璃材料性能比较表 　　表 4-1

材料	阳光控制	隔热	日光获得	眩光控制	围护管理	外向视野	使用寿命
气凝胶隔热玻璃单元	0	+	+	+	0	–	0
真空隔热玻璃单元	0	+	0	0	0	0	–
电致变色玻璃	+	0	0	+	0	0	0
SPD 玻璃	0	0	0	+	0	–	0
半透明状态	0	0	0	+	0	0	0
透明状态							
自洁玻璃	0	0	0	0	+	+	0
PCM 隔热玻璃单元	+	+	0	+	0	–	+
光伏（PV）玻璃（半透明）	+	0	0	+	0	–	0

注：+ 效能改善；0 效能近似；– 效能较低

对于材料科学与工程的发展可带来市场中新类型的自修复材料而言，包括高分子复合材料、金属复合材料，与增强型自修复混凝土，目前的研究是成功的。（White 等，2001；Kuang 等，2008；Asanuma，2000）。这些材料结合了修复作用剂与嵌入型形状记忆合金丝，可针对材料中的裂缝作出回应并修复。它是如何工作的呢？在自修复的高分子复合材料内，装有高分子修复作用剂的微型胶囊。当材料内出现裂缝时，裂缝周围的微型胶囊就会破裂，释放出高分子化合物。当高分子化合物接触到渗入至材料内部的催化剂时，裂缝就会被固化与粘结。类似的概念也适用于金属复合材料和自修复混凝土，这些新型材料均会引发建筑立面的改革，因为它可在不需要人工协助维护的状况下进行自我修复。

案例研究 4.1　诺拉·宾特·阿卜杜拉罕公主大学女子学院

诺拉·宾特·阿卜杜拉罕公主大学女子学院，是位于沙特阿拉伯（1B 气候区）利亚德的一所面积为 8600 万平方英尺（800 万 m²）的校园。校园设计考虑了几个重要因素：认知与应对当地气候、将文化特质结合至设计中、运用当地施工技术容易使用的材料、维持可扩展的比例，以及创建城市空间。

该学院由九栋建筑组成，位于校园的中心核心区。由于位于炎热、干旱气候的沙特阿拉伯，因此大部分建筑的室外空间与立面均暴露在直射阳光下，而需设置遮阳。运用容易施工具有经济效益性的遮阳系统，并采用快速组装的材料来制作，是适宜于这所学院的设计途径，如图 4-10 所示。

图 4-11 展示了典型外墙组合的两个构造层：在室外设有复杂遮阳系统的铝制幕墙。该幕墙系统简单明了，拥有高性能通透玻璃与设在支柱和窗间墙的隔热遮挡盒。该墙体组合构造的创新之处为遮阳系统，它是由支承在结构钢构件挂装的嵌板式玻璃纤维增强混凝土（GFRC）屏板组成。

图 4-10　庭院的日影

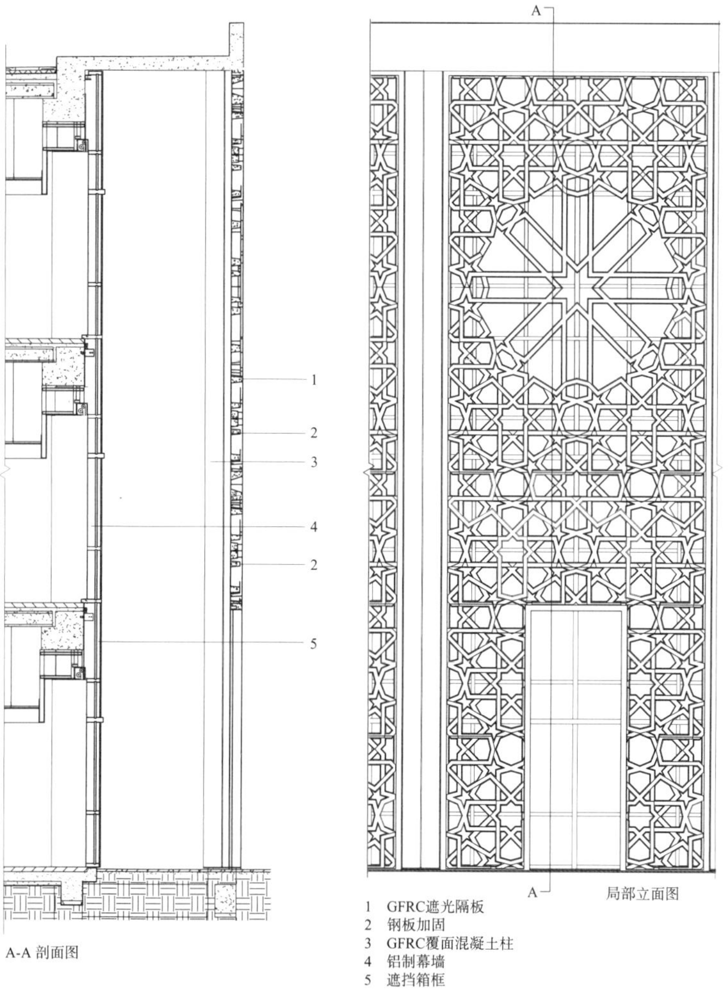

1　GFRC遮光隔板
2　钢板加固
3　GFRC覆面混凝土柱
4　铝制幕墙
5　遮挡箱框

A-A 剖面图　　　　　局部立面图

图 4-11　外墙剖面与立面图

　　纵观 20 世纪 70 年代的营建产业，GFRC 被引入结合成为建筑材料，是将高强度玻璃纤维嵌入由波特兰水泥、水、骨料与添加剂的胶结黏性基质所组成。玻璃纤维加强了混凝土，这与在传统钢筋混凝土中加入钢筋相似。这种强化作用，使得材料成品具有更高的抗弯强度与抗拉强度，可用于外形非常轻薄之处。GFRC 质轻耐用，还可制成各种形状。

图 4-12　剖透视图

这所学院中的 GFRC 嵌板,被制成基于传统伊斯兰建筑形态的复杂几何形状图案（图 4-12）。这些嵌板图案不仅可形成校园的建筑文化表达,也为幕墙提供了遮阳,还为使用者提供了视线私密性。这 9 所学院共计覆盖了大约 80 万平方英尺（74000m^2）的遮阳屏板,因此整体减少了 3.5% 的建筑能耗与 13% 的建筑外围护结构的热得量。此外,由于 GFRC 板片质量轻,因此运送材料到施工场地的碳排量也有所减少。

双层玻璃幕墙

到目前为止,我们所讨论的所有立面均是不同的单层表皮立面。单层表皮立面由单层外墙系统构成,它可通过双层或三层玻璃窗,而形成双层防护以抵御水分与空气渗透。

双层玻璃幕墙具有根本的差异:它们由不同的室外与室内玻璃墙系统所组成,其间由通风空腔层分隔。空腔层在室内与室外环境之间创造了一个热缓冲区,空腔层内可由温暖空气自然上升引起自然对流而形成通风,也可通过机械装置,或是二者结合的方式来形成通风。在一些双层表皮立面设计中,空腔层内会插入垂直或水平（或两种皆有）的实心或穿孔的分隔物来区隔。立面中的玻璃种类、空腔层的宽度与分隔方式、通风模式的选择,取决于气候、建筑朝向与设计需求等条件。

双层玻璃幕墙可根据空腔层的分隔方式（立面种类）、通风模式,以及气流模式来分类,如图 4-13 所示。这三个变量可组合成多种方式,创造出各种多样的设计可能。

图 4-13　双层玻璃幕墙的分类图

基本双层玻璃幕墙的类型包括：

- 箱窗型立面：在每层楼地板层高处设有水平隔断，窗户间也设有垂直隔断。每个空腔一般均为自然通风。

- 通廊型立面：每层楼地板层高处设有连续的水平空腔，但在层高处设有实质的隔断。三种类型的通风模式均可行。

- 竖井型立面：与通廊型立面相似，是使用垂直竖井产生自然烟囱效应的通风，这类立面常采用混合型模式通风。

- 多层型立面：立面具有连续通高通宽的空腔。三种类型的通风模式均适用。

这四种立面的立面图、剖面图，与平面图如图 4-14 至图 4-17 所示。

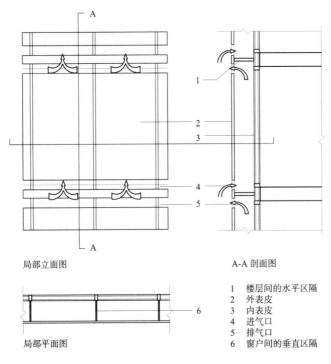

局部立面图   A-A 剖面图

局部平面图

1 楼层间的水平区隔
2 外表皮
3 内表皮
4 进气口
5 排气口
6 窗户间的垂直区隔

空腔可水平与垂直向区隔，开口可设置在外表皮上
每个窗户需要独设进气口与排气口

图 4-14 箱窗型双层玻璃幕墙

　　双层玻璃幕墙的通风模式（自然式、机械式或混合式）的选择，应当基于建筑物坐落的区位（即气候区）来考虑。分隔方式的选择则应基于成本、功能需要与层数等要求。空腔的自然通风在温和型或寒冷型气候区最为有效；在炎热型气候区则应采取机械通风。混合型系统通常适用于冬季寒冷月份的自然通风，与夏季炎热月份的机械通风，这一模式可应用于混合型气候区。

　　在图 4-18 中可见进气口与排气口不同位置的不同气流模式。

　　有许多关于双层玻璃幕墙的设计决策，都取决于立面类型、通风模式与气流模式的选择。例如：室内与室外表皮玻璃单元的种类部分取决于通风模式。当立面采用自然通风，内侧表皮常用双层隔热玻璃单元作为热隔断，外侧表皮则常用单层玻璃单元，以确保形成烟囱效应。当采用机械通风时，状况则刚好相反：外侧表皮采用隔热单元，内侧表皮则为单层玻璃。当使用遮阳设施时，它们往往被设置在两层表皮之间，以限制空腔的太阳热得。

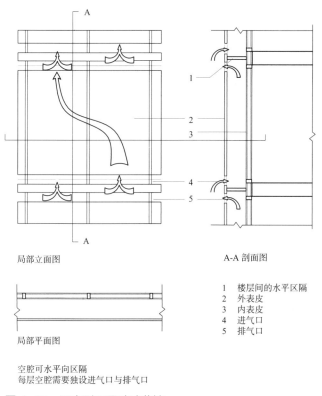

局部立面图　　　　　　　　　　　　A-A 剖面图

局部平面图

空腔可水平向区隔
每层空腔需要独设进气口与排气口

1　楼层间的水平区隔
2　外表皮
3　内表皮
4　进气口
5　排气口

图 4-15　通廊型双层玻璃幕墙

　　双层玻璃幕墙的初期成本比单层表皮高。然而，当设计可持续性立面时，也应当考虑建筑寿命的生命周期成本。在评估建筑生命周期的能源消耗成本之后，较高的初期成本可达到整体成本较低的成效。此时还未考虑双层玻璃幕墙的其他优点，因为这比价格更难以评估，如：风荷载减量、降低眩光与改善的声学效能。

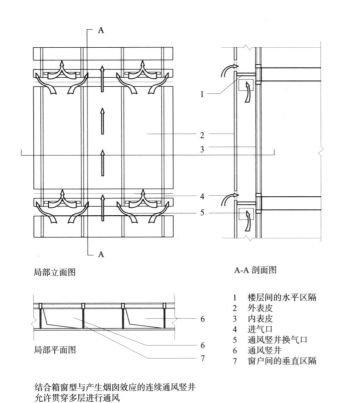

局部立面图　　　　　　　　　A-A 剖面图

1　楼层间的水平区隔
2　外表皮
3　内表皮
4　进气口
5　通风竖井换气口
6　通风竖井
7　窗户间的垂直区隔

局部平面图

结合箱窗型与产生烟囱效应的连续通风竖井允许贯穿多层进行通风

图 4-16　竖井型双层玻璃幕墙

　　如今，大多数的双层玻璃幕墙都已应用于温和型和寒冷型气候区的建筑，然而，在温暖型、干热型与湿热型气候类型的环境中，双层玻璃幕墙也成功地在一些建筑中得以应用。多数这些建筑都结合自然或混合模式通风、集成可活动型遮阳、混合通风系统，与不同的气流模式等。（Blomsteberg，2007；Badinelli，2009，Tanaka 等，2009；Haase 等，2009）

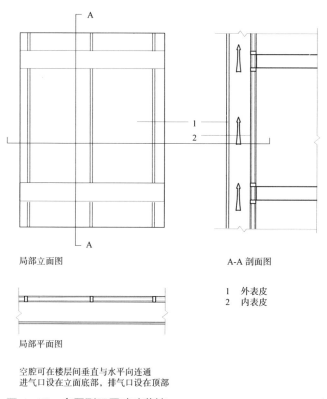

局部立面图

A-A 剖面图

局部平面图

1　外表皮
2　内表皮

空腔可在楼层间垂直与水平向连通
进气口设在立面底部，排气口设在顶部

图 4-17　多层型双层玻璃幕墙

　　在接下来的内容中，我们将探讨选择双层玻璃幕墙类型的标准与方法、分析其特征与性质，以及针对特定气候区的选择性设计策略。

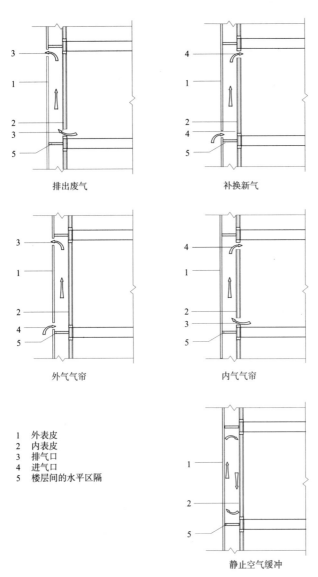

排出废气　　　　　　　　补换新气

外气气帘　　　　　　　　内气气帘

1　外表皮
2　内表皮
3　排气口
4　进气口
5　楼层间的水平区隔

静止空气缓冲

图 4-18　双层玻璃幕墙的不同气流模式图示

干热型气候区的双层玻璃幕墙

在热干型气候区，建筑立面几乎由通透玻璃组成，这是造成能源消耗的主要问题（Askar 等，2001）。在这种类型的环境中，可利用传统技术，包括可维持室内全天凉爽的承重墙，来维持居住与工作空间的舒适性。到了夜晚，室外空气为低温时，墙体存储的热量就会释放到室内空间。窗户可设在自然通风的部位，且需遮挡以防止直射阳光进入室内。运用现代单层表皮立面技术，设计者可选择一系列的高技或低技策略来管控能耗，可在窗户上设置遮阳装置，以接受采光但阻挡直射阳光；也可改变房间朝向，提供可调节的窗户以促进居住空间中的空气流通；并可采用被动式策略（通风管道、通风塔与竖井）来促进空气循环；还可利用蒸发冷却来吸收室内热量。在这些高要求的气候环境中，虽然经过良好设计的单层表皮立面已表现较佳，但是，双层玻璃幕墙是否还可表现得更好？

图 4-19 比较了干热型气候区的五种立面的预想方案——两种单层表皮立面与三种双层玻璃幕墙方案（Aksamija，2009）。图中所示为面对南向的办公空间的月能耗状况。其中相同的因素包括建筑区位、办公空间尺度、朝向、办公空间的使用者、设备与照明负荷，以及窗墙比，不同的因素有建筑立面类型、空腔层尺寸与玻璃类型。三种双层玻璃幕墙的预想方案，均为带有遮阳百叶、机械通风空腔层的多层型立面。

该图说明了在夏季月份时，双层表皮墙体与单层表皮墙体的效能一致。然而，双层玻璃幕墙的隔热与储存热量的能力，可使它在冬季月份的性能比单层表皮立面更为优越。对于全年能耗量的减量，两种窄小空腔深度与低辐射或反射覆膜的双层玻璃幕墙会比其余三种立面更优。因此，在干热型气候区，双层玻璃幕墙设计策略如下所述：

- 空腔：在夏季月份，窄空腔的双层表皮墙体，要比深空腔的双层表皮墙体的立面性能稍好。在 7 月和 8 月最热的月份，这两种立面均未明显地优于单层表皮立面。然而在冬季，具有窄空腔的双层玻璃幕墙，要比两种双层表皮墙体和具有深空腔的双层表皮墙体的效果更佳。

- 通风模式：由于这三种在研究中的双层表皮墙体均采用机械通风，因此该图无法告诉我们自然通风或混合式通风哪种模式更佳。然而，由于大部分的能耗均来自制冷，因此采用混合式通风可能更具优势。干热型气候区的昼夜温差特别大，因白天高温和夜间低温之间所形成的日变化，故在白天采用机械通风、夜晚采用自然通风更为有效。

- 遮阳：干热型气候环境的传统建造技术启发了阻挡进入室内的直射阳光的重要性。屋顶挑檐可为一层或二层高的建筑阻挡太阳热得提供保护作用。对于较高的建筑，应设置内部带有空腔遮阳装置的双层幕墙，这可对直射阳光形成有效的防护。

- 眩光：所使用的透光玻璃量与玻璃类型对于能源消耗具有显著作用。减少透光玻璃量可节省在该气候区的制冷负荷，选择低辐射释出（low-e）或反射性玻璃也能在炎热的夏季月份降低制冷负荷。

尽管在干热型气候区，双层玻璃幕墙并不常见，然而这个分析说明设计良好的双层玻璃幕墙与设计良好的单层表皮立面至少具有等同的性能。至于建筑物全生命周期内的能源节约量，以及能否对双层表皮构造的额外成本进行合理的评断，还需要对具体项目数据进行分析后才能确定。

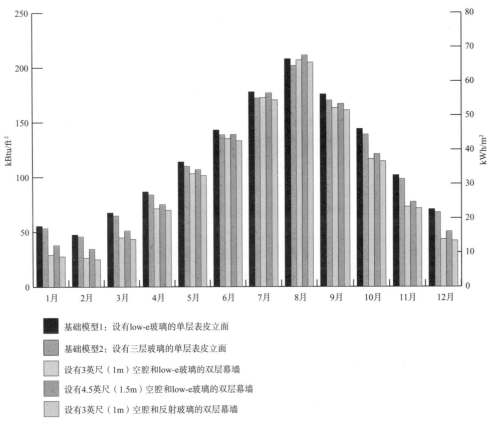

基础模型1：设有low-e玻璃的单层表皮立面

基础模型2：设有三层玻璃的单层表皮立面

设有3英尺（1m）空腔和low-e玻璃的双层幕墙

设有4.5英尺（1.5m）空腔和low-e玻璃的双层幕墙

设有3英尺（1m）空腔和反射玻璃的双层幕墙

图 4-19 干热型气候区单层与双层表皮立面类型的年度能源需求量

寒冷型气候区的双层玻璃幕墙

现在已有针对寒冷型与温和型气候区的双层表皮墙体性能的大量研究（Stec 等，2005；Poirazis，2006）。双层表皮墙体因其固有的隔热特性，在这些气候环境中普遍能发挥良好作用。在冬季月份，空腔能有效地形成热阻隔。而在夏季月份，空腔内的通风则可带走热空气以维持室内空间的凉爽。

图 4-20 比较了寒冷型气候区中五种立面预想方案的全年能耗量状况（Aksamija，2009）。其中有四种是不同类型的双层玻璃幕墙（DS-1 ~ DS-4），另一种则是作为基础模型的单层表皮立面（SS-1）。四种预想方案的相同条件是建筑区位、室内空间（面对南向的办公空间）、使用者活动的日程安排，与设备和照明负荷。不同的变量为双层幕墙的空腔尺寸、双层玻璃表皮的位置（放置在空腔的内侧或外侧）及气流模式。所有的双层玻璃幕墙的预想方案，均为利用烟囱效应与顶部的风机运转来促成空腔的通风效果。其中一种双层玻璃幕墙（DS-4）将空腔用作空气帘幕：冬季时关闭空腔底部的控制阀，从而将两层表皮间的凝止空气作为保温材使用。

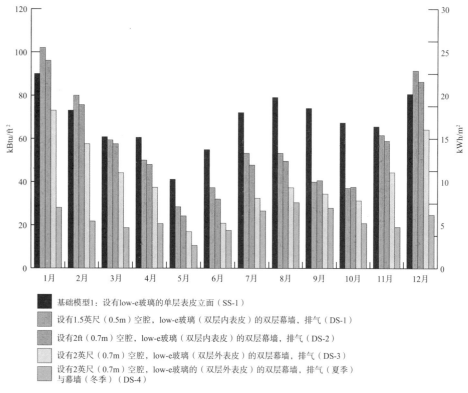

图 4-20　寒冷型气候区单层与双层表皮立面类型的全年能源需求量分析

首先，我们可将单层表皮立面（SS-1）与其他两种双层玻璃幕墙（DS-1 与 DS-2）进行对比，这两种双层玻璃幕墙均在内表面采用隔热的低辐射释出（low-e）玻璃。DS-1 空腔为 1.5 英尺（0.5m）宽，DS-2 为 2 英尺（0.7m）宽，从 12 月至来年 2 月单层表皮立面（SS-1）比 DS-1 和 DS-2 的性能更优异，而这三种立面在 3 月与 11 月时的性能则相近似。然而，对于一年中的其他时间，两种双层表皮墙体的性能则明显地优于 SS-1。DS-1 与 DS-2 的全年能耗需求量分别为 17% 与 24%，明显低于 SS-1。由于 DS-1 与 DS-2 之间的差异仅为空腔宽度，因此可发现这一变量对能源需求量具有显著影响。

接下来看其他两种类型的双层玻璃幕墙 DS-3 与 DS-4，它们均设有 2 英尺宽的空腔。二者唯一的差别是：DS-4 在夏季月份时使用空腔通风、在冬季月份时则使用空气帘幕，而 DS-3 空腔在全年均保持空腔通风。与 SS-1 相比，DS-3 与 DS-4 在一年中每个月的性能均明显更优（它们每个月的性能也优于 DS-1 与 DS-2）。DS-3 的全年能源需求量为 64%，低于 SS-1；DS-4 的全年需求量则为 72%，同样低于 SS-1。因此在冬季月份采用空气帘幕的气流模式，对减少建筑能源负荷有显著影响。

概括地说，在寒冷型气候区，双层玻璃幕墙比单层表皮立面的效能更佳。在双层玻璃幕墙中，设置较宽的空腔比较窄的空腔效能更佳。在空腔外侧设有双层玻璃能改善双层表皮系统的性能。最后，将夏季时使用的空腔型通风与冬季时使用的空气帘幕相结合的双层幕墙，在所有分析的立面方案中效果最好。由此，对于寒冷型气候区的双层幕墙设计，我们可综合得出以下的基本建议：

- 空腔：深空腔比窄空腔的性能更佳。此外，小于 2 英尺宽的空腔很难对其维护管理。
- 通风模式与气流模式：由于在寒冷型气候区绝大部分的能耗来自采暖，因此在空腔内存留的凝止空气可改善保温隔热效能，并减少对户外的热损失。虽然寒冷型气候区的主要问题是采暖需求，但也必须考虑夏季的制冷负荷。在夏季月份，应当使用空腔通风来避免过热问题。
- 玻璃：在外侧表皮装设双层玻璃比在内侧表皮装设能明显地降低整体能耗。

案例研究 4.2　西凯斯储备大学，廷汉姆·维尔大学中心

廷汉姆·维尔大学中心，位于俄亥俄州（5A 气候区）克利夫兰的西凯斯储备大学校区内。建筑物的西向立面包含有一个双层高度的学生休息室与一个公共空间，如图 4-21 所示。建筑立面主要由观景玻璃构成，可提供室内与室外的视线连接。

图 4-21　廷汉姆·维尔大学中心的西向立面

朝西的双层玻璃幕墙是为控制全年光照与热量而设计的。两种作用机制可控制这些因素：卷帘遮阳与双层表皮间的空腔通风。两层高的双层表皮墙体设有辐射计控制的卷帘遮阳，会在直射阳光射向立面时展开。遮阳装置可自动降低到足以遮挡直射阳光的高度，但不会低于楼板面上部 7 英尺（2.1m），因而不会阻挡视线，这类遮阳装置在所有季节皆可运作，以控制太阳热得。

空腔采用混合型通风模式，并结合自然通风与机械通风。通风系统由设在立面底部的气阀、轴流风机与其他设在顶部的气阀所组成，如图 4-22 与图 4-23 所示。夏季与冬季，系统以不同的方式运作，以达到不同的效果；因此，气流模式在各季节之间也并不相同。

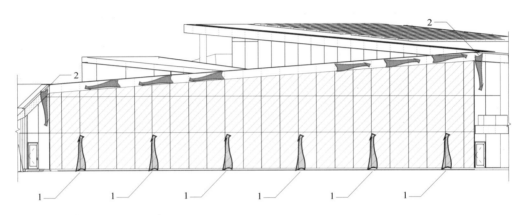

1   通过气阀进气
2   通过轴流风机排气

图 4-22   西向立面与空腔通风

在夏季月份，建筑立面采用排出式空气帘幕的气流模式（图 4-23），这样可使空腔内的空气温度与室外空气温度相差在 30 ℉（10℃）以内。如此，空腔就不会给建筑增加额外的热负荷。当空腔内与外界的温差超过预先设定的温差时，两端的气阀就会开启，风机也会同时运转，使外部空气进入空腔内部，以平衡温度，如图 4-24 所示。一旦温差降至预设水平，气阀就会关闭，风机也停止运转。

冬季作业则采用静态空气缓冲的气流模式，这样可在空腔内存储大量暖空气，以减少对室外的热损失。这过程是通过关闭两端气阀，将空气封闭在腔体内并由太阳加热来实现。邻近空间是不需要预加热的，然而当条件所需时，也可允许运用建筑机械系统传输少许热量。

　　由于西向立面采用双层表皮玻璃系统，因此与高性能的单层表皮立面相比，高峰时夏季与冬季的制冷与采暖荷载均减少 58%，如图 4-25 所示。该图比较了不同的立面设计条件及其对高峰能源负荷的影响效果。

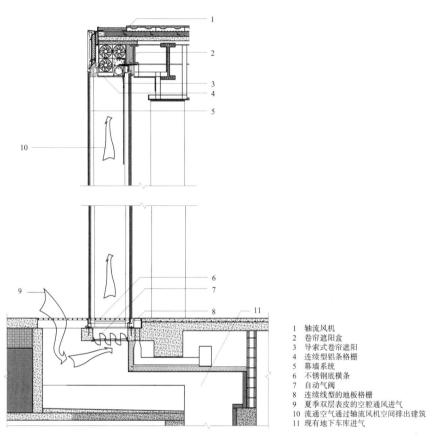

1　轴流风机
2　卷帘遮阳盒
3　导索式卷帘遮阳
4　连续型铝条格栅
5　幕墙系统
6　不锈钢底横条
7　自动气阀
8　连续线型的地板格栅
9　夏季双层表皮的空腔通风进气
10　流通空气通过轴流风机空间排出建筑
11　现有地下车库进气

图 4-23　双层表皮墙体剖面图、通风系统与气阀进气状况

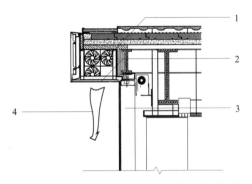

1　轴流风机
2　连续型铝条格栅
3　幕墙系统
4　空气排出

图 4-24　双层表皮通风系统与西向立面边角处的轴流风机排气

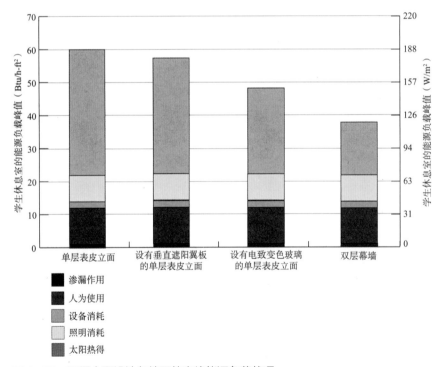

图 4-25　不同立面设计条件下的高峰能源负荷状况

产能立面

替代能源，如太阳能与风能，在建筑中的应用已越来越多，太阳能可分成两类：被动式与主动式。被动式太阳能是阳光照射在建筑外立面材料上，而直接产生的热或辐射的能量。例如：采用热容量较高的外立面材料时，白天可存储热量，而夜晚则可向室内释放热量。对于主动式太阳能，如：太阳能收集器与光伏电池（PV）板等装置，可加热液体或产生电能。这两种形式的太阳能均可应用于立面设计中。其他的替代能源则较少在立面中得到应用，因此本节聚焦于讨论来自太阳的能源生产。

太阳能空气加热系统和太阳能动态缓冲区（SDBZ）幕墙是两种新型的立面被动式太阳能系统的范例。太阳能空气加热系统通常包括利用太阳能集热材料所制成的次要表皮，如：深色穿孔金属板可对进入建筑的空气进行预热，如图 4-26 所示。这层表皮可安装在外墙外侧几英寸处，形成一个较窄的空腔以自然地加热空气。这与前文所述的双层幕墙有所不同，原因在于采用了不透光材料。该系统也可与 HVAC 系统相结合，将加热后的空气直接输送到室内。在夏季月份，温暖的空气被排至室外，且气阀可阻止温暖空气进入室内。设计太阳能空气加热系统，用以补充传统加热系统，而非完全将其取代。太阳能动态缓冲区幕墙也运用了预加热空气，但它利用了幕墙窗间墙范围的空间，以替代外侧空腔（Richman & Pressnail，2009）。

光伏电池板是立面中最普遍采用的主动式产能系统。立面集成型光伏（PV）模块组分为两种类型：薄膜型与固态电池型。第一种类型是由与太阳能电池相互连接的薄膜所构成，它能将可见光转换为电能，而夹在玻璃板之间。薄膜电池可与大多数立面表皮整合集成，如：遮阳构件、窗间墙和观景玻璃。固态太阳能电池模块可与窗间墙部位或遮阳构件整合集成。光伏组件（PVs）的性能与美观度取决于它的类型、大小，以及对应太阳轨迹的位置。

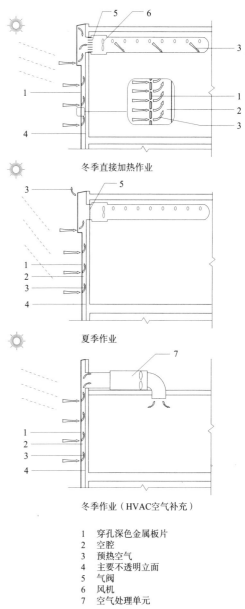

冬季直接加热作业

夏季作业

冬季作业（HVAC空气补充）

1 穿孔深色金属板片
2 空腔
3 预热空气
4 主要不透明立面
5 气阀
6 风机
7 空气处理单元

图 4-26 太阳能空气加热系统与作业模式示意图

单晶硅电池具有统一的颜色与结构，是光伏（PV）模块中最为常见的一种类型。其效能可用从太阳能转换成电能的百分比值来度量，通常在最佳条件下不超过 20%。多晶硅电池没有统一的表面结构与颜色，由于其为硅结构而具有可见的多变性。多晶硅电池通常比单晶硅电池的成本低，而效率也较低。非晶硅电池采用氢化非晶硅，仅通过几微米的材料来吸收入射光。由于在坚硬或柔软的基层上均可放置，因此薄膜通常会采用这一类型的电池。非晶硅电池的生产成本相对较低，但效率也很低，通常不超过 7%。在立面中采用非晶硅薄膜的优点在于，在阳光被遮挡和阳光充沛时，它均能同样优质地进行作业。单晶硅与多晶硅电池则需在直射阳光下才可达到最高效能。假如阳光被遮挡，没有合适朝向以获得最大日照量，或被积雪、沙、灰尘覆盖时，能源产量便会降低。

当光伏组（PVs）板与太阳光垂直时，光伏电池板所产生的能源最多。为了找到一年之中光伏（PV）板可产生最高效能的位置，必须考虑两个因素：平面朝向与倾斜角度。北半球理想的朝向是正南方，南半球则是正北方。向东或向西偏离理想朝向均会导致较低的能源产量。

另一因素是倾斜角度。为使得光伏组（PVs）板发挥最大效能，它应当面向太阳倾斜。该角度由天空中的太阳高度决定，其次由建筑物场地的纬度决定。根据经验，光伏（PV）板被放置的倾斜角度应与纬度一致。

为图示此概念，图 4-17 至图 4-29 比较了不同倾角的设定表面，其整体可获得太阳辐射量中的入射辐射量 [可作用于光伏（PV）板上的辐射量]，其倾角之一与所设定的纬度相同，另一个则为 90°（即垂直状况）。图 4-27 所示为北纬 42° 的平均逐时太阳辐射。图 4-28 所示为表面直接面对南向、42° 倾角（与纬度相同）的逐时入射太阳辐射量，该表面在夏季月份可接受大量可获得的太阳辐射量。图 4-29 所示为垂直面的入射太阳辐射量，如：幕墙（角度为 90°）。垂直面在冬季可接受大部分的太阳辐射，但在夏季则仅有较少的接受量。在这一纬度，建筑可借助太阳辐射产生大量的能源，故设置倾斜和垂直的光伏板均为必要的。例如：集成倾斜遮阳构件的光伏（PV）板可获得夏季太阳辐射，然而将光伏组（PVs）挂装在未受遮挡的垂直墙面上，则可获得低高度角的冬季阳光。

图 4-30 比较了位于北纬 42° 且直接面对南向的光伏（PV）系统能源生产状况，该光伏（PV）系统包括 10000 平方英尺（930m²）的高性能多晶硅板片。图表所示为四种预想方案的全月产能量，板片的角度分别为 42°、20°、0 与 90°。凭借经验法则可知，倾角与纬度一致的板片将达到最高的年产出。挡板片角度降低到 20° 时，夏季月份的能源产出会降低，而冬季月份却会提高。水平板片的产能，全年都会低于最佳角度的板片产能。设置成垂直面的能源产量最低。因此，设计者应当留意，吊挂置放在垂直立面上的光伏组（PVs）板的能源生产是低效的。

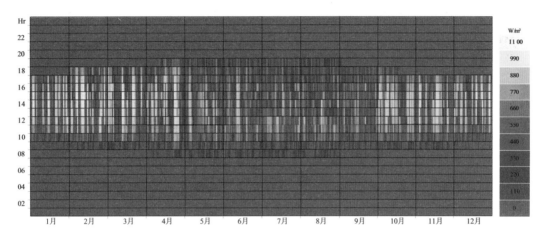

图 4-27　逐时可得太阳辐射量（位于北纬 42°）

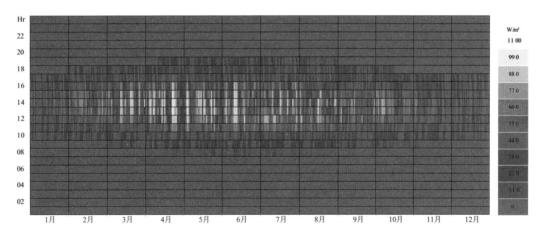

图 4-28　倾角为 42° 面对南向表面的入射太阳辐射量（北纬 42°）

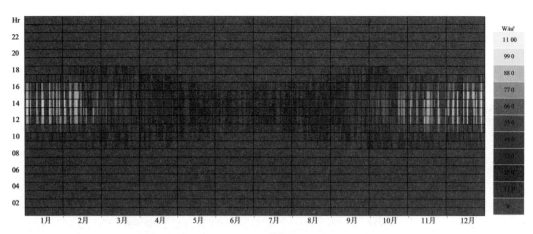

图 4-29　倾角为 90°面对南向表面的入射太阳辐射量（北纬 42°）

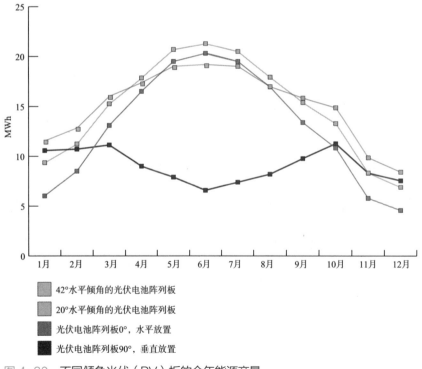

42°水平倾角的光伏电池阵列板

20°水平倾角的光伏电池阵列板

光伏电池阵列板0°，水平放置

光伏电池阵列板90°，垂直放置

图 4-30　不同倾角光伏（PV）板的全年能源产量

　　围绕这一问题的解决方法是将光伏组（PVs）板设在倾斜遮阳构件上，或集成装设在可根据太阳位置转动的垂直遮阳构件上。图 4-31 比较了装配在垂直面上，与装配在可追踪太阳路径的可活动式遮阳装置上，相同面积的光伏（PV）板的能源产出量。集成光伏组（PVs）板可活动遮阳装置可改善能源生产，但仍不如倾斜的光伏（PV）板。

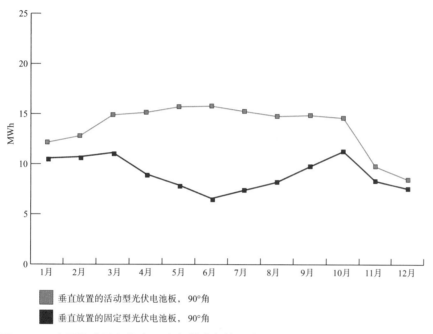

　　垂直放置的活动型光伏电池板，90°角

　　垂直放置的固定型光伏电池板，90°角

图 4-31　立面集成型光伏（PV）板的全年能源产量

立面控制系统

　　未来，立面将智能化地应对环境变化。交互式、动态控制型立面，包括可随着室外与室内环境条件的改变而调适性能的系统，可允许使用者依据个人状况调整设定。立面构件将会随着对外部环境变化的感知，而自动作出回应，调节太阳热得、采光、热损失与通风的状况。智能化建筑控制方式、建筑自动化系统，以及使用者作业操控方式，可集成整合，以实现能源节约的最大化。允许使用者对当地室内环境进行控制的系统，采用整合高信赖度的自动化控制机制的个性化控制模式，是可确保每位使用者感到舒适的解决方案。

　　"智能化"立面的控制系统应当接受宽领域的有线与无线的建筑感测的传感数据输入，以满足能源标准与使用者舒适度标准。近年来，低成本的传感器和基于互联网的通信协议，已成为控制建筑立面元件的可行方式。立面也可依据相同的功能划分成不同分区，如：遮阳装置控制区。例如：每栋建筑的朝向会形成不同的分区，则有适合每个分区的控制机制（如在早晨时，建筑东侧使用角度较低的百叶）。然而，建筑造型可能会产生特定的风与阳光条件（例如：建筑内的庭院），因此，一些分区可由立面上特定的传感器与控制机械，被定义在相同的立面上。

　　建筑立面控制系统包括热量存储、自然通风、立面与采光集成系统、遮阳装置和室内阴影控制技术。能够实时追踪重要立面效能、并与所记录数据的效能进行比较，还可进行侦错检测和纠错的自动修复，是新型立面技术的未来发展趋势。

　　立面的控制系统应具有实时感测能力，以确保可记录所追踪的环境条件的改变，如：温度、相对湿度、太阳位置、云层和风（图 4-32）。这些控制系统可运用预测算法来预测环境内可能出现的短时变化。此外，热量存储、自然通风和立面与采光系统集成技术，也会成为有利于节能的关键。可感知用户模式、调节照明、自动改变遮阳装置，以及调节 HVAC 系统的全盘整合型"智能化"系统，可明显地减少能源使用。

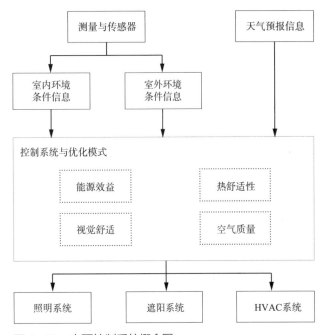

图 4-32　立面控制系统概念图

本章小结

　　材料、系统与信息技术的新发展，正在改变着建筑立面的美学与功能性特征。智能化、可持续性材料和系统集成，可为建筑师与工程师提供创新的设计契机。在减少建筑能耗，且提高使用者舒适性的立面设计潜力时，还应增加与材料选择、生产技术与适应建造过程的联系。这些新型技术在能源使用、热性能、效能与美学方面，为建成的环境提供了颠覆性的变化。新型技术将会改变建筑的设计方法和运行模式，通过采用智能化材料、可持续性立面，以及智能化建筑作业系统，设计者可对人们的生活方式产生积极的影响。

参考文献

Aksamija, A. (2009). "Context Based Design of Double Skin Facades: Climatic Considerations during the Design Process." *Perkins+Will Research Journal*, Vol. 1, No. 1, pp. 54–69.

Asanuma, H. (2000). "The Development of Metal-Based Smart Composites." *Journal of the Minerals, Metals and Materials Society*, Vol. 52, No. 10, pp. 21–24.

Askar, H., Probert, S. D., and Batty, W. J. (2001). "Windows for Buildings in Hot Arid Countries." *Applied Energy*, Vol. 70, pp. 77–101.

Badinelli, G. (2009). "Double Skin Facades for Warm Climate Regions: Analysis of a Solution with an Integrated Movable Shading System." *Building and Environment*, Vol. 44, pp. 1107–1118.

Blomsteberg, A., ed. (2007). *BESTFAÇADE: Best Practices for Double Skin Facades* (EIE/04/135/S07).

Cassar, L. (2004). "Photocatalysis of Cementitious Materials: Clean Buildings and Clean Air." *Materials Research Society Bulletin*, May, pp. 328–331.

Chabasa, A., Lombardoa, T., Cachierb, H., Pertuisotb, M. H., Oikonomoub, K., Falconec, R., Verita, M., and Geotti-Bianchinic. F. (2008). "Behaviour of Self-Cleaning Glass in Urban Atmosphere." *Building and Environment*, Vol. 43. pp. 2124–2131.

Haase, M., Marques da Silva. F.. and Amato, A. (2009). "Simulation of Ventilated Facades in Hot and Humid Climates." *Energy and Buildings*, Vol. 41, No. 4, pp. 361–373.

Kuang, Y., and Ou, J. (2008). "Self-Repairing Performance of Concrete Beams Strengthened Using Superelastic SMA Wires in Combination with Adhesives Released from Hollow Fibers." *Smart Materials and Structures*, Vol. 17. pp. 1–7.

LeCuyer, A. (2008). *ETFE: Technology and Design*. Berlin, Germany: Birkauser Verlag.

Poirazis, H. (2006). *Double Skin Facades: A Literature Review* (IEA SCH Task 34, ECBCS Annex 43 Report).

Richman, R., and Pressnail, K. (2009). "A More Sustainable Curtain Wall System: Analytical Modeling of the Solar Dynamic Buffer Zone (SDBZ) Curtain Wall." *Building and Environment,* Vol. 44, pp. 1–10.

Spillman, W., Sirkis, J., and Gardiner, P. (1996). "Smart Materials and Structures: What Are They?" *Smart Materials and Structures,* Vol. 5, pp. 247–254.

Stec, W., and van Paaseen, A. (2005). "Symbiosis of the Double Skin Facade with the HVAC System." *Energy and Buildings,* Vol. 37, No. 5, pp. 461–469.

Tanaka, H., Okumiya, M., Tanaka, H., Yoon, G., and Watanabe, K. (2009). "Thermal Characteristics of a Double-Glazed External Wall System with Roll Screen in Cooling Season." *Building and Environment,* Vol. 44, pp. 1509–1516.

Wang, X., Walliman, N., Ogden, R., and Kendrick, C. (2007). "VIP and Their Applications in Buildings: A Review." *Proceedings of the Institution of Civil Engineers, Construction Materials,* Vol. 160, No. CM4, pp. 145–153.

White, S. R., Sottos, N. R., Geubelle, P. H., Moore, J. S., Kessler, M. R., Sriram, S. R., Brown, E. N., and Viswanathan, S. (2001). "Autonomic Healing of Polymer Composites." *Nature,* Vol. 409, pp. 794–797.

第 5 章

案例研究

　　建筑物并非独立于周围自然系统的自我装载机制，我们也不能忽视建筑对当地和全球环境的影响。可持续性立面是环境敏感、高性能建筑的组成部分——这样的建筑需经过细致的规划、设计、建造和运作。在之前的章节中，我们讨论过达到可持续性、高性能立面的多种方法。在本章中，我们将深入地针对建筑项目进行案例研究，并探讨这些设计策略是如何实施的。

　　案例研究项目阐明了四种可持续立面设计的方法：

- 建筑朝向；
- 建构的日照控制；
- 室外遮阳构件；
- 立面材料与墙体组合构造。

建筑朝向与立面设计

亚利桑那州立大学跨学科科学技术大楼

亚利桑那州立大学的跨学科科学技术（IST）大楼位于亚利桑那州的坦佩，这里属于干热型气候区（IECC 中的 2B 区，或柯本分类体系中的"Bwh"区）。图 5-1 所示为日间平均温度、热舒适域，以及每个月的可利用太阳辐射量。在这个区域里，一年中的多数时间都处于炎热与阳光充沛的状况中，因此，立面设计的主要目标则为减少不利的太阳辐射，并利用被动式设计策略为使用者提供舒适的室内环境。

跨学科科学技术大楼（图 5-1 ~ 图 5-12）位于校园中最为密集且以步行为主的区域之一，建筑内为生物化学、生物学、微生物学、分子生物学研究提供了实验室模块区，还包括分析与计算机实验室。建筑中的实验室组成呈 L 形布局排列，其中较短的一边沿场地的北侧为东西轴向，较长的一边沿场地的西侧为南北轴向。建筑的体量反映出它的规划思路：沿着北边与西边的简单垂直线形元素，布置着实验室与后勤辅助功能，东侧翼房则为办公空间，核心设施与垂直交通位于这两部分的交汇处。

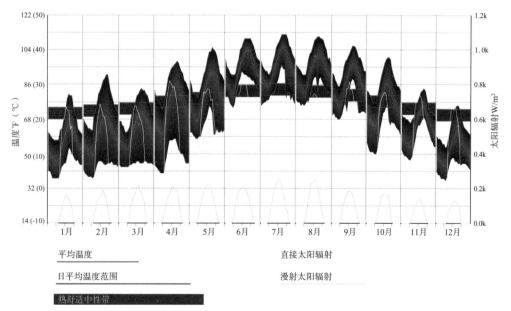

图 5-1　典型室外温度条件

伴随着实体空间与虚空间的建筑形式，都直接回应着其所坐落的场地位置与太阳方位，建筑物的南北朝向受到场地的限制。然而，该方案应用了许多设计策略使建筑更为高效并与环境相呼应。建筑被挤放在场地的西缘侧，以便在东侧与西侧的翼部之间留出足够的空间作为庭院，如图 5-2 所示。东侧翼房为捕获引入主导风而进行定位与定形，这样也使得庭院与相邻的步道（广场）变得凉爽。

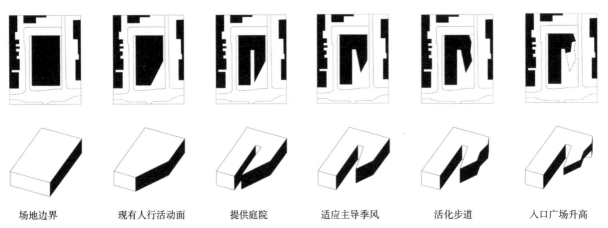

| 场地边界 | 现有人行活动面 | 提供庭院 | 适应主导季风 | 活化步道 | 入口广场升高 |

图 5-2   建筑体量与构成要素

建筑立面的朝向会直接影响设计。北向立面是平整的，设有大型无遮阳的窗户，使得日光可深入透进室内空间。南向立面的东侧与西侧的翼部设为深挑檐（图 5-5 所示），因为该朝向最适合设置水平遮阳构件。南向立面也设有垂直构件来减少眩光，并在早上与下午的几个小时内避免较低高度角的太阳光渗入室内。东向立面的东侧与西侧的翼部设有高性能的玻璃与水平金属百叶板，如图 5-6 与图 5-7 所示。图 5-8 所示的百叶窗，可在早上阻挡多余的太阳辐射量，同时也可减少眩光，并且有利于实验空间的自然光，以及朝向中庭与步道的视线通透。

图 5-9 所示为西向立面，主要由现浇混凝土与少量窗户所构成，并利用蓄热体作为被动式可持续性设计策略。对于昼夜温差极大的地区，最适宜的设计方法为采用蓄热性的材料来建造墙体，如：砌体与混凝土，以吸收白天时的太阳能量，到了夜晚，大部分的能量就会辐射释放到建筑室内，以提供免费的夜间采暖。经常处于空闲状态的实验室辅助空间，也设在建筑的这一侧，竖向外伸翼板为该侧立面上具有少许开窗的会议室与休息室，提供了遮阳。

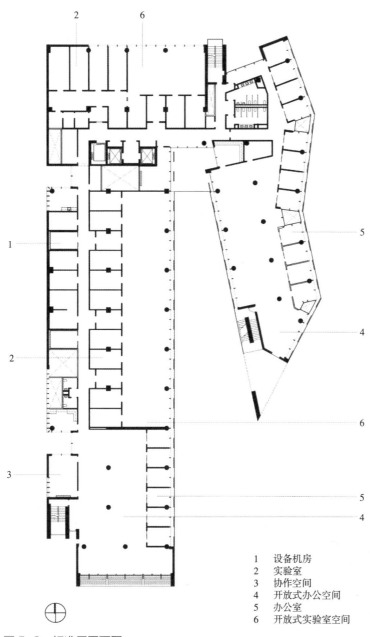

1　设备机房
2　实验室
3　协作空间
4　开放式办公空间
5　办公室
6　开放式实验室空间

图 5-3　标准层平面图

图 5-4　南向室外景象

由斯坦坎普摄影提供

由斯坦牧普摄影提供

图 5-5　南向景象

由斯坦牧普摄影提供

图 5-6a，图 5-6b　东向立面图

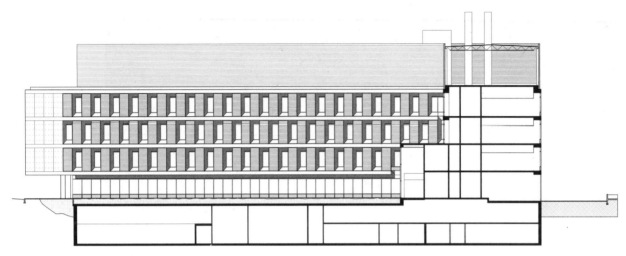

图 5-7   西翼房的东向立面图（立面图）

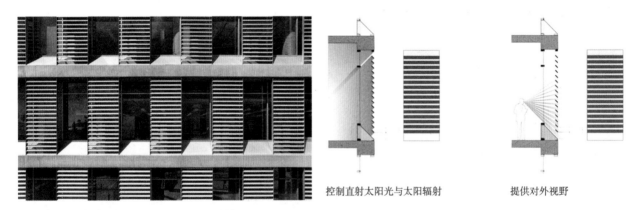

控制直射太阳光与太阳辐射   提供对外视野

图 5-8a，图 5-8b   东向立面的遮阳构件

其他的能源减量策略还包括应用低能耗低辐射释出（low-e）玻璃、高效率照明灯具、用户传感控制、日光收集、非工作时间降低通风率、所有区域采用可变量气流，以及电子型线性文丘里通风管与实验室气流控制阀。该方案对所有经常使用的空间提供日光，包括建筑地下室内的核磁共振房间。图 5-10 ～ 图 5-11 所示为可直接获得日光的室内空间。针对所有区域的照明与机械系统集成的数位化控制技术，皆可在使用时段与非使用时段运行。

由斯坦玖普摄影提供

图 5-9　西向立面

由斯坦玖普摄影提供

图 5-10　实验室的室内与日光

由斯坦玖普摄影提供

图 5-11　交通流动空间与日光

设计师研究南向与东向立面的遮阳选项，从而获得最大的视野，并减少阳光的穿透。日光模拟被用来研究不同的窗户与遮阳配置，例如：图 5-12 显示了南向立面的三种设计方案的日光模拟。这三种方案都采用落地窗，第一种方案采用水平深挑檐，第二种方案在第一种方案上增加水平百叶窗，第三种方案则在第二种方案上再增加竖向遮阳构件，以减少清晨与傍晚时出现潜藏眩光的可能。最终的设计采用了方案一的水平挑檐与方案三的竖向遮阳，以阻挡太阳辐射热量并减少眩光。

南向立面（12 月 21 日）
工况 1：挑檐（早晨）作用

工况 2：挑檐与水平百叶板（中午）作用

工况 3：挑檐、水平百叶板与竖向翼板（下午）作用

图 5-12　面对南向立面的日光模拟

　　基于建筑立面朝向的被动式设计策略，可成功减少 IST 建筑的能耗，也可为建筑使用者提供热舒适与视觉舒适的空间。这栋建筑的全年能耗量较低，比 ASHRAE 90.1 规定的能源标准超出了 31%，并被美国绿色建筑委员会授予了 LEED 金质认证。

城市水资源中心

　　城市水资源中心（图 5-13 ~ 图 5-26）是一座用于水文研究的实验室建筑，该设施是由塔科玛市环境服务部、华盛顿大学，与一家华盛顿州立机构的普吉特海湾合作。该设施主要用于研究与分析来自塔科玛市与周边区域航道的水体样本，同时也用于教学活动。整个项目包括实验室、办公室、会议室、展览中心、自助餐厅，以及相关的建筑服务设施。

　　塔科玛市位于混合型海洋气候地区（IECC 中的 4C 区，或柯本分类体系中的"Cfb"类型）。图 5-13 所示为这一地区每个月的日均气温、热舒适域，与可利用的太阳辐射量。从图表可知，在冬季月份，气温主要偏低，一年中其他月份的气温则较为温和。在这种温和型气候区可采用自然通风来降温，同时，相对温和的冬天与较低的太阳辐射表明，在南向与西向立面采用适量的玻璃，对建筑的能源效益并不会产生负面影响。在这种气候类型环境下的大多数建筑均以采暖导向为主，然而，由于设施所表现的研究类型与设备使用，使得城市水资源中心（Center for Urban Waters）是一栋以制冷导向为主的建筑。

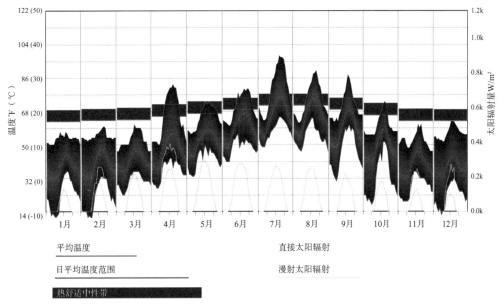

图 5-13　典型的室外条件

　　城市水资源中心位于西亚·福斯（Thea Foss）航道沿着工业区旁的水岸的狭长场地上，场地的几何形状导致建筑被设计成狭长形，主要朝向南北。这样的设计能使室内空间的采光最大化，还可利用自然通风来减少建筑的能源负荷。图 5-14 所示为建筑与沿河水岸区域，以及邻近的工业设施之间的关系。

　　建筑设计采用被动式可持续性的设计策略，主要受场地朝向的极大影响。主要的规划要素被划分成为两个区：面向内陆的实验室区，与沿着航道的办公室区。由于研究活动的项目规划要求，实验室需要机械通风，由此它获得新鲜空气的机会有所减少，而可将其设置在靠近工业设施的旁边，这也是对场地的实际回应。

　　相反地，办公室区域则非常需要自然通风。面向航道——新鲜空气的来源——有利于办公室的自然通风。在建筑北端的办公空间，其东侧是实验室区域，而采用单侧自然通风。在建筑南端，办公室东与西向外露，因此形成了自然的穿堂风。西向与南向立面上的可调节窗户，可允许使用者对自然通风量进行调节。在办公室东侧是利用景观设置创造而成的缓冲区，以隔离临近工业活动所产生的废气与噪音。

　　太阳方位也是西向与南向立面设计中需考虑的因素。南向立面的玻璃幕墙运用水平遮阳构件来阻挡正午的阳光，同时也提供面向水域的通视视野。图 5-16 所示为自然通风与遮阳策略。

　　建筑的最佳视野区为沿西向立面的区域，在此可远眺航道。然而，西边的暴露面同时也会接收到最多的太阳热得量。该立面早期的设计是由被竖向遮阳保护的玻璃幕墙所构成——这是一个看似合理且可持续性的策略，但被验证为过于昂贵。作为替代的是所研发的具有高效能穿孔型窗户的铝制防雨帘幕。设计者针对立面的不透光部分考察了两种材料：复合嵌板，为两层轻型铝板内夹一层树脂核心层；与模压重型铝板。这两种材料均具有良好的性能，然而，经过生命周期的分析显示，当建筑的使用寿命结束时，复合嵌板更难以循环再利用。

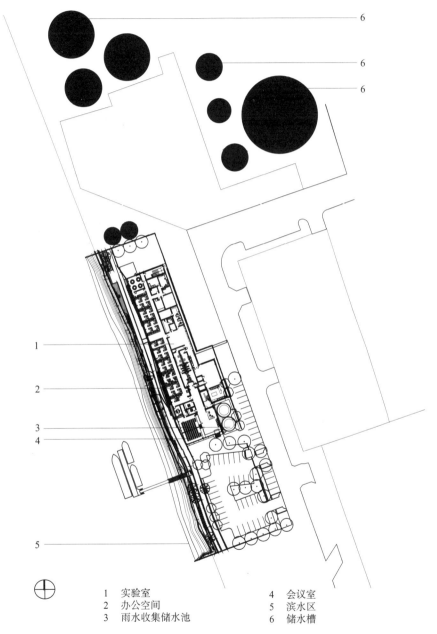

图 5-14　城市水资源中心的场地与标准层平面图

1　实验室　　　　　　　4　会议室
2　办公空间　　　　　　5　滨水区
3　雨水收集储水池　　　6　储水槽

图 5-15 场地环境肌理：前景是西亚·福斯航道，背景为雷尼尔山（Mt. Rainier）

　　为了补偿竖向遮阳的损失，设计者在西向立面设置集成室外自动百叶窗。与室内常使用的软百叶帘相似，当百叶帘关闭时，可阻止下午时建筑所获得的太阳热得，当百叶帘打开时，则可接受被动式太阳能采暖。图 5-19 的外墙剖面所示为室外百叶窗的组合构造。当太阳光照射在西向立面时，百叶窗处在较低的位置，叶片可开启也可闭合。当太阳不在西边、或当风不同寻常地增强，或夜间时，百叶窗则会处于较高的位置，被收纳在防雨帘幕立面背后的窗帘槽内。

　　在部分房间里，如：会议室，可采用内含外百叶的落地窗，以提供开阔的视野。其他地方，如：典型的开敞式办公室，其窗户则被限制在细长的玻璃槽内，以优化能源效能。西向立面在观景窗以上还设有高侧窗，在这些高侧窗外未设置外百叶帘；而是在窗台的窗户处设置室内半透明树脂轻型棚架作为替代，以阻挡直射阳光，并将日光反射进入房间深处（图 5-20）。

自然通风策略

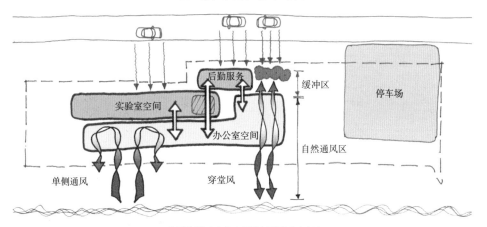

工业区边界（交通、噪声、污染）

后勤服务

缓冲区

停车场

实验室空间

办公室空间

自然通风区

单侧通风

穿堂风

自然边界（来自水面的新鲜凉爽空气）

遮阳、被动式太阳能设计与视线策略

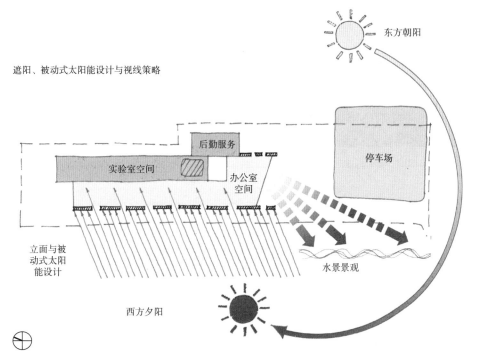

东方朝阳

后勤服务

停车场

实验室空间

办公室空间

立面与被动式太阳能设计

水景观

西方夕阳

图 5-16　建筑朝向与被动式设计策略

由本杰明·本施耐德 /OTTO 提供

图 5-17　南向与西向立面的室外景象

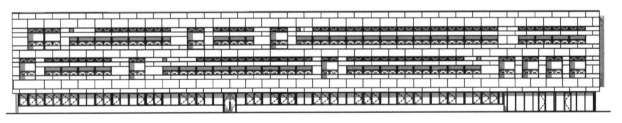

图 5-18　西向立面图

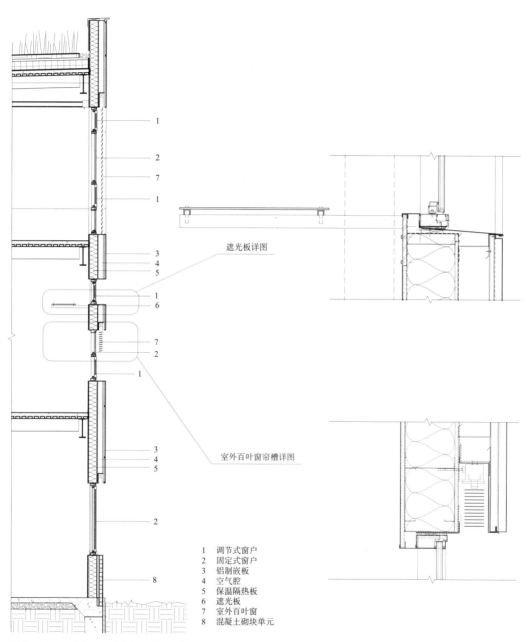

<table>
<tr><td>1</td><td>调节式窗户</td></tr>
<tr><td>2</td><td>固定式窗户</td></tr>
<tr><td>3</td><td>铝制嵌板</td></tr>
<tr><td>4</td><td>空气腔</td></tr>
<tr><td>5</td><td>保温隔热板</td></tr>
<tr><td>6</td><td>遮光板</td></tr>
<tr><td>7</td><td>室外百叶窗</td></tr>
<tr><td>8</td><td>混凝土砌块单元</td></tr>
</table>

遮光板详图

室外百叶窗帘槽详图

图 5-19　西侧立面的剖面图与细部详图

由本杰明·本施耐德 /OTTO 提供

图 5-20　西向立面的导光板

　　在东向立面面向工业区场地的那侧，是用水平波纹金属板制成的防雨帘幕。而覆盖于第二层与第三层槽形条窗上半部为穿孔的波纹金属帘幕。这些帘幕有助于控制清晨的日光且减少出现潜藏眩光的可能，并可维持视线通透与最佳采光（图 5-24）。

　　该方案仅在南向立面上使用幕墙（图 5-17）。固定式室外水平遮阳板，是用 16 英寸（406mm）深的穿孔铝板制成，以锥形铝制外伸支架作为支撑（图 5-21 所示），遮阳板的垂直间距为 12 英寸（305mm）。幕墙的东南角部分在第二层与第三层向外延伸，形成可保护主入口的顶篷。南向立面的局部未设置外遮阳构件，但在玻璃上覆着陶瓷釉料以减少太阳直接日晒（图 5-22 所示）。尽管设有釉面玻璃，但在幕墙背后的室内空间，还是会出现比设有水平遮阳的室内空间更宽的温度浮动范围。因此，对于热舒适与眩光标准较低的空间而言，如：分组讨论会议室，就可被规划设置在这个位置（图 5-23）。

由本·杰明·木施耐德 /OTTO 提供

图 5-21　南向幕墙立面与水平遮阳构件

　　北向立面延续了东向立面的波浪纹金属防雨帘幕。这种立面被设计成用于提供高热阻，因此所开设的窗户较小，且在该朝向上无需设置遮阳装置（图 5-25）。

　　所有四个朝向立面的整体窗墙比都很低，大约为 32%。玻璃的选择基于窗户的朝向与室内空间的功能需求而确定。所有立面的透光区域均由双层玻璃、空气隔热玻璃单元所构成，并在内层玻璃的外表面（3 号表面）镀有低辐射释出（low-e）镀膜。幕墙的窗间墙由染成绿色的浮法玻璃制成的保温隔热玻璃单元所组成，在外层玻璃的内表面（2 号表面）喷砂处理成白色线条的装饰面，在内层玻璃的内表面设有着色釉料的图案膜层（3 号表面）。立面的不透光部位则设计成平均热阻值为 R-19hr-ft^2- ℉ /Btu（3.36m^2-℃K/W）的构造。

图 5-22　南向立面的釉面玻璃

由本杰明·本施耐德 /OTTO 提供

图 5-23　室内空间与南向立面

由本杰明·本施耐德 /OTTO 提供

图 5-24　东向立面与金属板防雨帘幕

由本杰明·本施耐德 /OTTO 提供

图 5-25　北向立面

由本杰明·本施耐德 /OTTO 提供

除了高性能立面设计外，城市水资源中心还结合其他高能效与可持续性的策略，包括植被屋顶、雨水收集、水循环再利用、回收材料再利用、地热井、辐射采暖与制冷，与实验室和办公空间的热回收系统（图 5-26）。

最终，与 ASHRAE90.1 的基准值建筑相比，模拟能耗后显示能源利用可节省 36%。该中心的能源利用强度（EUI）是 $81kBtu/ft^2$（$388kWh/m^2$），而基准线的比较值为 $123kBtu/ft^2$（$388kWh/m^2$）。装设在建筑物内的测量与检测系统会跟踪实际的建筑效能，并实时通知用户能源的使用情况。城市水资源中心已在 2010 年竣工，且已获得美国绿色建筑协会 LEED 铂金质认证。

建筑系统与集成可持续性设计途径

1　调节式窗户与风机
2　固定式水平遮阳构件
3　釉面玻璃
4　可回收利用木材
5　雨水收集储水池
6　地热井
7　辐射地板
8　绿化屋顶
9　渗水路面砖

图 5-26　可持续性设计策略

建构的日照控制

科威特大学教育学院

科威特大学教育学院（图 5-27 ~ 图 5-38），位于科威特的沙德迪亚。图 5-27 所示为该地区每个月的日均室外温度与太阳辐射状况。这里的气候特征是非常炎热且干燥（IECC 中的 1B 区或柯本分类中的 "Bwh"）。这里昼夜的温差幅度普遍很大。夏天有难以忍受的高温和干旱——已被称为全球最为炎热的城市气候——而冬天气候则相对温和。这种气候条件激发设计团队寻求创新的方法，从而可为建筑使用者提供舒适的环境，同时还可维持相对低的能源使用量。

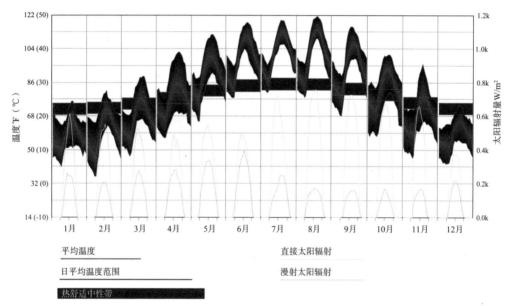

图 5-27　典型的室外环境条件

科威特大学教育学院是沙巴赫·艾尔-塞勒姆大学城总体规划的一部分，这个设计方案的主要驱动力为 3 项标准：

- 教育学院建筑要具有极为浓厚的、与众不同的特色。
- 能促进学习交流的且以学生为中心的环境。
- 具有高度可持续性设计特性，可为所有教室、办公室与交通流动空间提供日光。

图 5-28　科威特大学教育学院的室外景象

　　这座五层楼的矩形大楼由设在外周区域的模组单元教室、围绕在主要集会空间内核周边的行政管理空间,以及室外庭院组成。一条形式自由和玻璃围合的"木栈道"嵌入建筑的外周边区。这条主要的建筑交通流动通道可到达会堂、自助餐厅、学习资料中心、教员休息室与食堂,以及庭院等。图 5-29 所示为木栈道与其他空间的关系。借由倾斜木栈道嵌入建筑实体,建筑实体与虚空间所形成的互动关系以定义教育学院的建筑识别性。四个中央花园庭院,为围绕着庭院并能总览全域的学习空间提供了采光与视野。

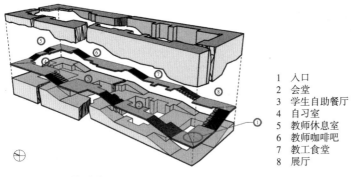

1　入口
2　会堂
3　学生自助餐厅
4　自习室
5　教师休息室
6　教师咖啡吧
7　教工食堂
8　展厅

图 5-29　建筑流线图

　　场地的限制使得教育学院的长立面面对东向与西向。自遮阳立面可保护建筑室内环境免受强烈的太阳辐射照射，也可确保使用者的视野通视。受传统科威特模式帐幕的启示，故立面采用三维建模技术与可视化软件以协助设计。为认识入射的太阳辐射，还进行了太阳照射分析（图5-30）。由于总体规划中教育学院东侧与西侧未来的建筑已确定，因此也针对这些建筑进行预测分析（在图5-30中，以虚线框盒表示将来出现在西侧的邻近建筑）。结果显示，沿着西向立面顶部的数值有所增加，而靠近底部的数值则较低。北向与南向立面并没有被周围建筑遮挡；图5-30所示为均匀入射北向立面的太阳辐射量值。

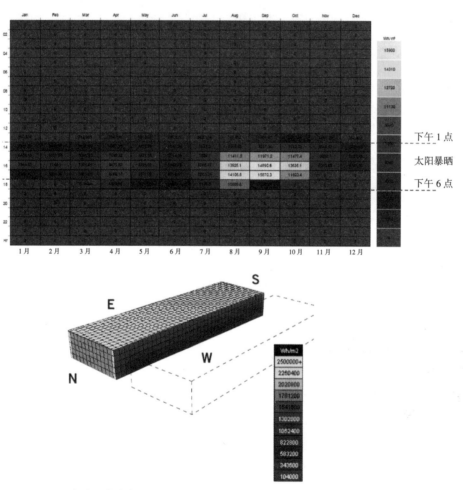

图 5-30　西向立面的全年月份入射太阳辐射总量（上图）与不同立面的太阳辐射分析（下图）

　　立面复杂的几何形状使用集成遮阳构件，设置在最佳截断角上，以遮蔽建筑使其免受强烈的太阳辐射的影响，如图 5-31 所示。此外，幕墙的深度也有所变化，建筑顶部较深，到了底部则变浅，由此为最需要遮阳的部位提供遮阳，这在建筑东向和西向立面的顶部均有设置。

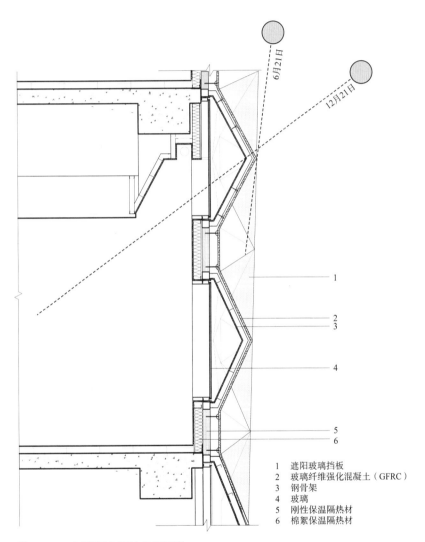

1　遮阳玻璃挡板
2　玻璃纤维强化混凝土（GFRC）
3　钢骨架
4　玻璃
5　刚性保温隔热材
6　棉絮保温隔热材

图 5-31　自遮阳立面的几何形体

自遮阳室外表皮由多层结构所构成，如图 5-32 ~ 图 5-33。以下是这类立面的主要构成部分：

- 遮阳翼板由两层钢化夹层玻璃所构成，在玻璃层间夹有一层陶瓷釉料。遮阳板可减少直接太阳辐射量与传输的太阳热得，从而可减少 HVAC 系统的制冷负荷。这些半透明板片还可把散射光线引入室内空间并减少外墙的眩光。（图 5-34）
- 立面的不透光部分是玻璃纤维增强混凝土板（GFRC），这是一种质量轻、厚度薄（小于 1 英寸或 2.5cm 厚）的材料。
- 镀锌钢骨架为 GFRC 板提供轻质、具有结构成效的支撑。因其质量轻，故对建筑结构系统所造成的附加荷载也低。
- 低辐射释出（low-e）隔热玻璃可用于反射红外辐射热，以降低制冷负荷。东向与西向立面的可调节窗户可在较温和的季节形成自然通风。这些钻石形的窗户与立面上的固定式窗户类似，须运用旋转机制才能开启与关闭。
- 设在 GFRC 后的隔热层可让室外与室内环境间的热传降至最低。

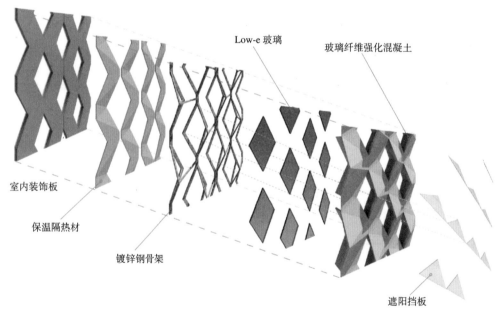

Low-e 玻璃

玻璃纤维强化混凝土

室内装饰板

保温隔热材

镀锌钢骨架

遮阳挡板

图 5-32　主要的立面组合构件图

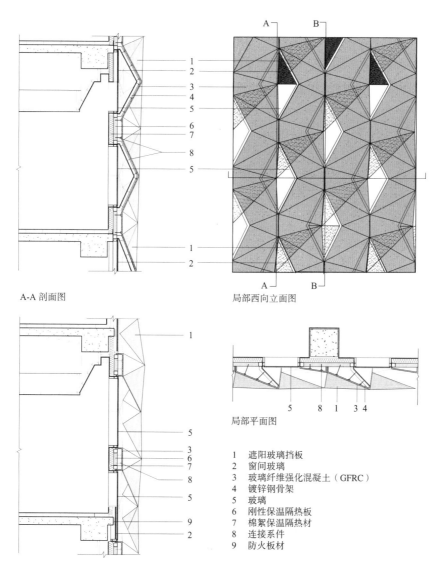

A-A 剖面图

局部西向立面图

B-B 剖面图

局部平面图

1　遮阳玻璃挡板
2　窗间玻璃
3　玻璃纤维强化混凝土（GFRC）
4　镀锌钢骨架
5　玻璃
6　刚性保温隔热板
7　棉絮保温隔热材
8　连接系件
9　防火板材

图 5-33　局部西向立面图、平面图与剖面图

　　自遮阳幕墙利用遮挡与过滤的作用机制来保护建筑免受强烈日光的影响，同时也可为室内空间提供充足的日光。图 5-34 比较了西向立面设有与未设有半透明玻璃翼板这两种条件下日光的模拟研究结果。未设有玻璃翼板时的日光照射等级，显著高于设有玻璃翼板的方案。这会造成不均匀的日光分布，以及视觉不适和眩光。通过对进入室内空间前的光线进行过滤处理，玻璃翼板就可提供均匀的光照分布。图 5-35 ~ 图 5-37 所示为半透明的玻璃翼板，以及它们如何形成遮阳效果。

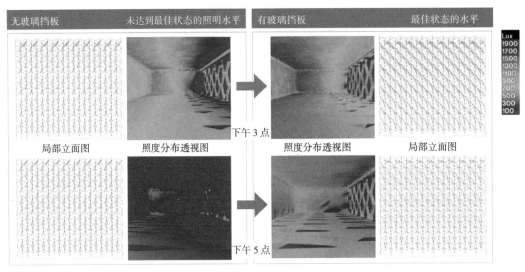

图 5-34　西向立面的日光模拟结果（6 月 21 日）

图 5-35　玻璃翼板

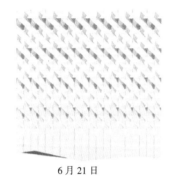  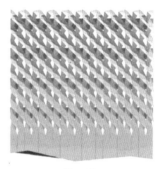

6 月 21 日　　　　　　　3/9 月 21 日　　　　　　　12 月 21 日

图 5-36　遮阳研究

图 5-37　实体模型

图 5-38　GFRC 嵌板模型

设计过程中的能源模型模拟显示：这样的立面设计连同其他高效能的设计策略，相比于 ASHRAE90.1-2004 标准所指定的基准值建筑，其能源消耗将减少 21%，这种立面设计还可消减 82% 的太阳热得。科威特大学教育学院已于 2014 年竣工，并有望获得美国绿色建筑协会颁发的 LEED 金质认证。

阿卜杜拉国王金融区的 4.01 地块项目建筑

阿卜杜拉国王金融区（KAFD）坐落在沙特阿拉伯利雅得，其建成后将会成为中东地区最大的金融中心。在这个 160 公顷的开发项目的总体规划中，包括有高层商业大楼、高层与低层的居住建筑，以及混合使用建筑、基础设施、交通设施与开放的绿化空间等。

这里的气候非常炎热且干燥（IECC 的 1B 气候区或柯本分类中的"Bwh"区）。图 5-39 所示为气候条件，包括室外日平均温度、热舒适域与可利用的太阳辐射量。一年中大部分时间的白天很热，但从 4 月到 10 月特别炎热。全年太阳辐射量都很高，需设置结合被动式设计策略的可持续性建筑，以防止室内空间受到太阳辐射热影响，并降低制冷负荷。

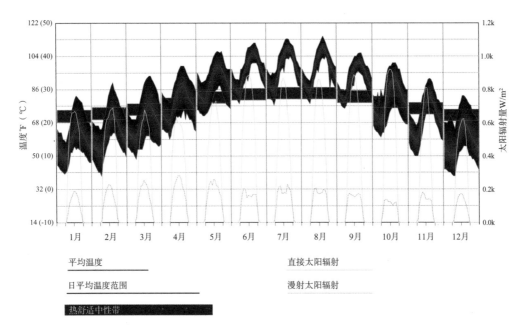

图 5-39　典型的室外条件

　　案例研究建筑位于4.01项目地块,即在项目区域中心部位的北侧(图5-40～图5-54)。图5-40所示为全区的总体规划,与这建筑场地和邻近的绿化空间、高速公路与建筑间的关系。

1　KAFD 4.01 地块项目
2　绿道
3　开发区西部
4　高速公路
5　开发区东部

图5-40　KAFD 4.01 项目地块的场地平面图

　　两个重要的设计要素主导着总体规划,连接南北、邻接四线道环城公路的是高层建筑面西的"城市墙"。这道墙形成了开发项目东部的西侧边缘;跨越东西的是横穿环路的城市绿道,联结开发项目的东部与较小的西部地块。KAFD 4.01 项目的场地位于东北角,为这些要素的交汇处。总体规划要求建筑延续城市墙到南侧的绿道,并且建筑物覆盖区延伸到场地的西北、东北与西南侧。

　　除了明确的总体规划要求外，场地对于建筑设计还形成了其他限制要求。邻近街道已建立了明确的交通模式，会限制交通车辆进出场地。人行道出入口主要分布在北向、东向与南向。一条已规划的单轨铁路将会连通场地的南侧与东侧，并且景观绿道也会提供建筑观景视线的焦点。图 5-41 所示为一些场地限制的分析，包括场地出入口、安全性、开放空间的定位，以及人行流线与车行流线。

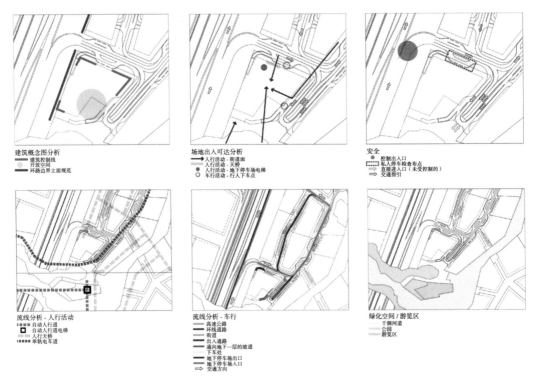

建筑概念图分析
　━━　建筑控制线
　●　开放空间
　━━　环路边界立面规范

场地出入达分析
　━━　人行活动 - 街道面
　━━　人行活动 - 天桥
　●　人行活动 - 地下停车场电梯
　○　车行活动 - 行人下车点

安全
　●　控制出入口
　⬚　私人停车检查布点
　━━　直接进入口（未受控制的）
　⇨　交通指引

流线分析 - 人行活动
　▣　自动人行道
　━━　自动人行道电梯
　━━　人行天桥
　━━　单轨电车道

流线分析 - 车行
　━━　高速公路
　━━　环线道路
　━━　街道
　━━　出入通路
　━━　通向地下一层的坡道
　━━　下车处
　━━　地下停车场出口
　━━　地下停车场入口
　⇨　交通方向

绿化空间 / 游览区
　━━　干涸河道
　━━　公园
　━━　游览区

图 5-41　场地要求图解

　　KAFD 4.01 项目设计的另一个重要因素是它的项目规划，包括商业办公室、零售空间与居住单元。图 5-42 所示为建筑的体量分布——13 层塔楼与 2 层的南向裙房——与方案中各规划要素的叠加。零售空间分布在地下层与 1 层，办公空间位于 2 层到 7 层，居住单元则设在 9 层到 12 层，8 层与 13 层为机械设备层，13 层还设有屋顶平台，在地平面以下则为 5 层的停车场。

　　图 5-43 所示为建筑朝向、体量与独特造型，其均为控制太阳辐射需求的应对方案。图 5-44 所示为东向与北向立面，图 5-45 所示为东向立面。图 5-46 则表示场地的太阳辐射状况，其表明

开发项目东部与西部交汇处所获得的太阳辐射最大。开发项目东部因紧密排布的单体建筑而获益；这也为该地区提供了遮阳。由于 KAFD 4.01 项目场地的西部与南部无邻栋建筑可遮挡，因此建筑形式与立面均应顺应朝向设计，使所获得的太阳辐射量最小。

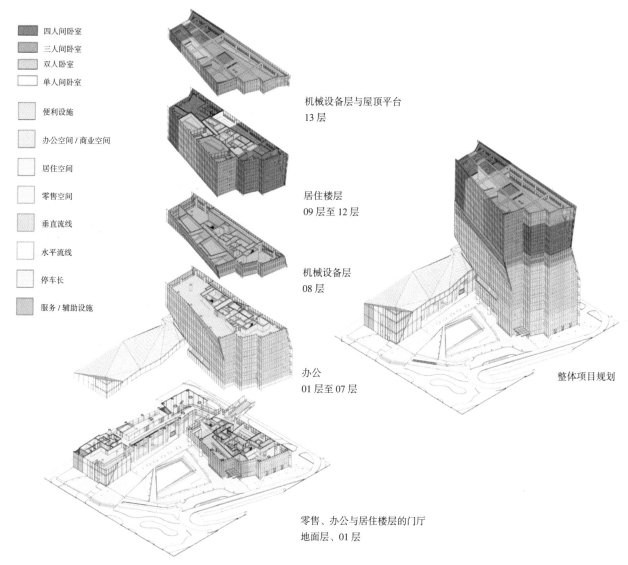

四人间卧室

三人间卧室

双人卧室

单人间卧室

便利设施

办公空间 / 商业空间

居住空间

零售空间

垂直流线

水平流线

停车长

服务 / 辅助设施

机械设备层与屋顶平台
13 层

居住楼层
09 层至 12 层

机械设备层
08 层

办公
01 层至 07 层

整体项目规划

零售、办公与居住楼层的门厅
地面层、01 层

图 5-42　KAFD 4.01 项目规划

图 5-43　KAFD 4.01 项目的南向与西向立面

　　图 5-47 所示为夏季与冬季月份的太阳位置。建筑塔楼的形态为不规则的矩形体，长边面向南北向，短边面向东西向。塔楼的立面设计与它的几何形体可直接回应入射的太阳辐射状况。图 5-48 比较了该建筑的平整型南向立面与自遮阳型南向立面，以说明立面的不规则几何形体可降低入射的太阳辐射量。

 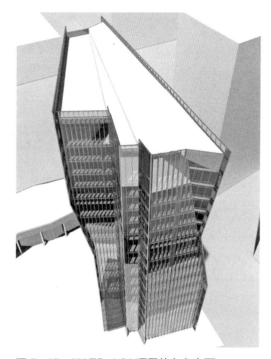

图 5-44　KAFD 4.01 项目的北向与东向立面　　图 5-45　KAFD 4.01 项目的东向立面

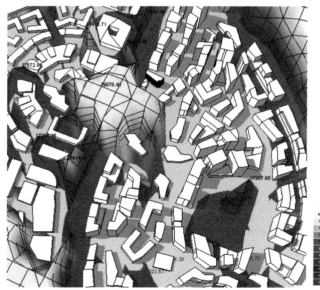

图 5-46　场地的太阳辐射量分布

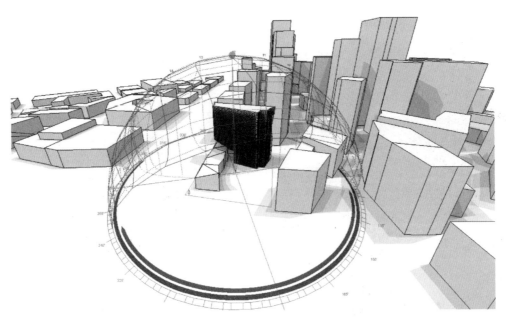

图 5-47 南向立面的太阳辐射状况

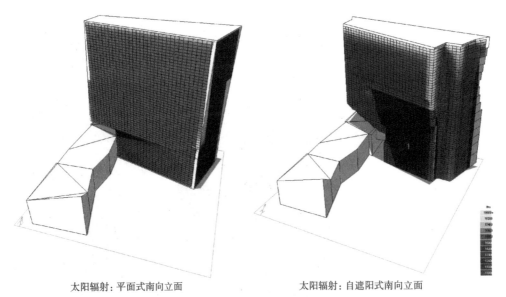

太阳辐射：平面式南向立面   太阳辐射：自遮阳式南向立面

图 5-48 平整型与自遮阳型南向立面的入射太阳辐射状况比较

　　KAFD 4.01 项目有两种基本类型的外墙：一种是带有玻璃窗梃、以钢框骨架为支撑，位于最底部两层的定制幕墙，而另外一种是设在塔楼中的隔热铝制幕墙。受总体规划的限制，透明玻璃只能占总外墙面积的 40%，同时还要在建筑设计中考虑居住使用者的私密性。为达到这些要求，且还须提供尽可能多的通视玻璃，故在通视玻璃面上烧制覆着陶瓷釉料层。由于玻璃面上覆着烧制釉料层的部分是不透明的，因此整体窗墙比可高达 56%，满足了总体规划的要求。表 5-1 所示为每种立面的窗墙比的细部分析，在东向与西向立面的每根竖梃上，均设有宽深的竖向翼板，可为生活在居住单元中的人们提私密性，并对直射阳光形成遮挡。

所有塔楼立面的窗墙比（WWR）			表 5-1
立面朝向与组件	面积 平方英尺（m²）	2 层及以上的透明玻璃面积 平方英尺（m²）	40% 釉料覆着的玻璃的面积 平方英尺（m²）
东向			
通视玻璃	7,672（713）	7,672（713）	
不透明嵌板	6,122（569）		
百叶窗	1,076（100）		
东向立面小计	14,870（1,380）	7,672（713） WWR = 52%	
南向			
通视玻璃	20,939（1,946）	20,939（1,946）	12,847（1,194）
不透明嵌板	9,200（855）		
金属楼板的 边缘护面板	3,992（371）		
南向立面小计	34,131（3,172）	20,939（1,946） WWR = 61%	12,847（1,194）WWR = 38%
西向			
通视玻璃	3,788（352）	3,788（352）	
不透明嵌板	2,496（232）		
百叶窗	570（53）		
金属楼板的 边缘护面板	226（21）		
西向立面小计	7,080（658）	3,788（352） WWR = 54%	

续表

立面朝向与组件	面积 平方英尺（m²）	2 层及以上的透明玻璃面积 平方英尺（m²）	40% 釉料覆着的玻璃的面积 平方英尺（m²）
北面			
通视玻璃	17,991（1,762）	17,991（1,762）	11,190（1,040）
不透明嵌板	11,793（1,096）		
百叶窗	22（2）		
金属楼板的 边缘护面板	4,207（391）		
北面立面小计	34,013（3,161）	17,991（1,672） WWR = 53%	11,190（1,040） WWR = 33%
所有建筑立面总和	90,094（8,373）	50,390（4,683） WWR=56%	35,497（3,299） WWR=39%

高性能的低辐射释出（low-e）双层玻璃可应用于所有的建筑立面中。三种规格的玻璃类型的通视率分别为 25%、45% 与 69%。为提高性能，所有的隔热玻璃单元均填充氩气。这 3 种玻璃类型的玻璃中心 U 值均为 0.19Btu/h-ft²-℉（1.1W/m²-°K）。位于塔楼立面上的大部分玻璃，为使用最低通视率（25%）的玻璃类型，但这种立面将会接收到最多的太阳辐射。通视率为 45% 的玻璃类型则被用在东塔楼立面的局部。最高通视率（69%）的玻璃类型被用在底部头两层的零售区中，因为该区域被暴露在最低的太阳辐射辐射范围内。图 5-49 所示为这三种玻璃类型的图片，以及用在北向与南向立面的玻璃上的分级釉面图案。

大多数的被动式设计策略已结合至立面设计中。像是东向、南向与西向立面便是"变形的"，部分幕墙也随着高度增加而逐渐向外倾斜。变形立面使得较高的建筑楼层可为其下的立面提供遮阳，由此便形成了建筑自遮阳。图 5-50 所示为南向朝向变形幕墙局部的墙体剖面图。

每个立面朝向都会形成不同的设计方案，建筑最长边面向南北、短边面向东西。夏季月份时太阳较高，南向立面的太阳辐射，就大多被阻挡在变形立面之上；剩下的阳光也被高性能玻璃与梯度渐变的釉面图案所遮挡而有所减少。图 5-51 ~ 图 5-52 所示为东向与西向立面的竖向翼板，其可阻挡清晨与午后的阳光，并为居住单元的使用者提供私密性。图 5-53 所示为北向立面幕墙的局部剖面图。

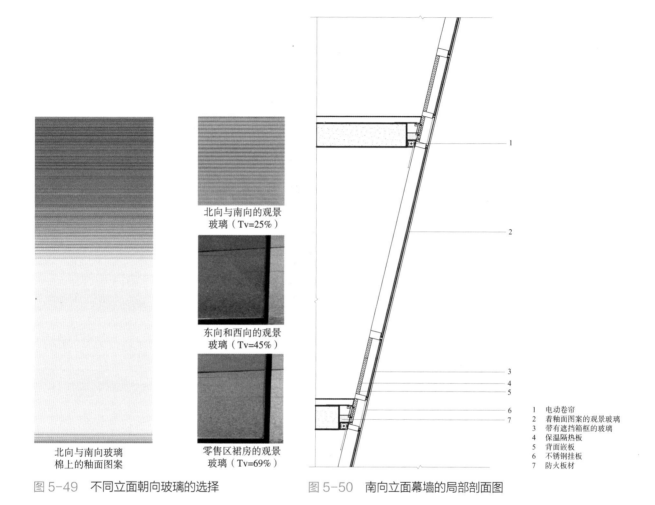

北向与南向的观景
玻璃（Tv=25%）

东向和西向的观景
玻璃（Tv=45%）

零售区裙房的观景
玻璃（Tv=69%）

北向与南向玻璃
棉上的釉面图案

1　电动卷帘
2　着釉面图案的观景玻璃
3　带有遮挡箱框的玻璃
4　保温隔热板
5　背面嵌板
6　不锈钢挂板
7　防火板材

图 5-49　不同立面朝向玻璃的选择　　　　图 5-50　南向立面幕墙的局部剖面图

　　日光收集是另一种可降低建筑能源负荷的重要策略。塔楼狭长的楼层平面可使每个楼层在较大的面积上获得自然光亮。用户传感控制与日光调节控制，可整合至主体建筑的管理系统中，以划定外围区域的范围来控制人工照明。

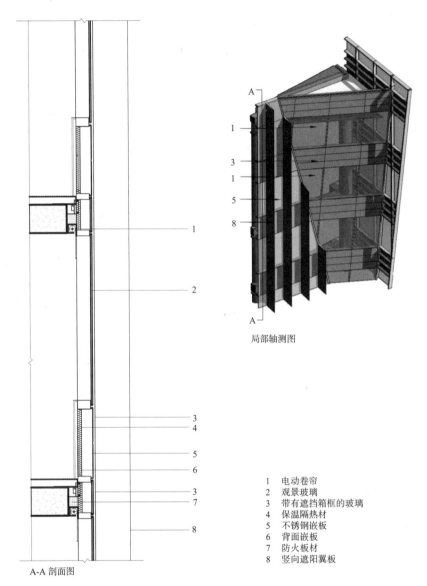

A-A 剖面图

局部轴测图

1　电动卷帘
2　观景玻璃
3　带有遮挡箱框的玻璃
4　保温隔热材
5　不锈钢嵌板
6　背面嵌板
7　防火板材
8　竖向遮阳翼板

图 5-51　东向立面幕墙的局部剖面图与轴测图

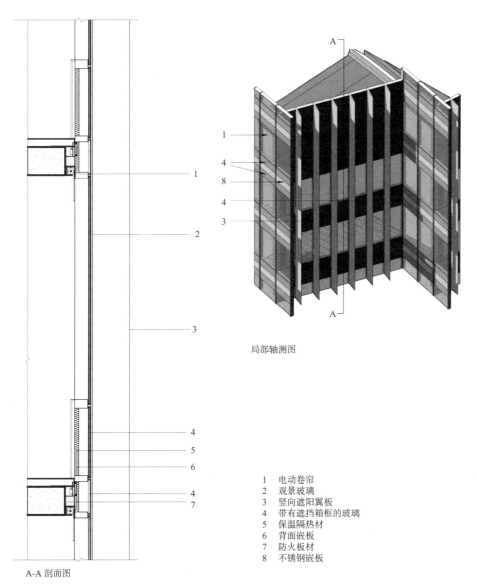

局部轴测图

A-A 剖面图

图 5-52　西向立面的幕墙的局部剖面图与轴测图

1　电动卷帘
2　观景玻璃
3　竖向遮阳翼板
4　带有遮挡箱框的玻璃
5　保温隔热材
6　背面嵌板
7　防火板材
8　不锈钢嵌板

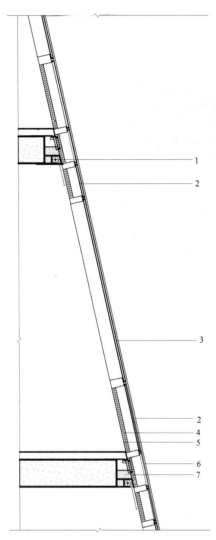

1   电动卷帘
2   带有遮挡箱框的玻璃
3   着釉面图案的观景玻璃
4   保温隔热材
5   背面嵌板
6   不锈钢嵌板
7   防火板材

图 5-53   北向立面幕墙的局部剖面图

设计时的初步能源模型模拟表明，与 ASHRAE90.1-2007 标准的基准值相比，KAFD 4.01 项目的总体能源节约值将可节省大约 11%。能源模拟结果也表明，制冷负荷将可节省 12%、风机负荷将可节省 42%、采暖负荷将可节省 57%。

　　对于南向立面的典型的部分，都已进行了全尺寸的实体模型性能检测。检测项目包括对风荷载与冲击荷载的抵抗阻力、静态压力下的空气渗透，以及静态与动态压力下的水分渗透。图5-54所示为用于测试过程中的立面实物模型，与正在进行的静态水渗透测试项目。

　　KAFD 4.01项目是整合立面设计方法的案例。所有的建筑元素——形式、体量、玻璃与遮阳装置——均被采用，以作为控制太阳日照的被动式策略。建筑的创新几何形体在关键的南向立面上构成了部分自遮阳表皮，以形成在审美视角上独特的建筑形式。

图5-54a，图5-54b　立面性能的实体模型测试

阿卜杜拉国王金融区的 4.10 地块项目建筑

接下来的案例研究项目也在沙特阿拉伯利雅得的阿卜杜拉国王金融区（图 5-55 ~ 图 5-64）。
4.10 地块项目建筑（KAFD 4.10 项目）位于这片区域的北部，也位于 KAFD 4.01 项目的四栋建
筑以北，如图 5-55 所示。

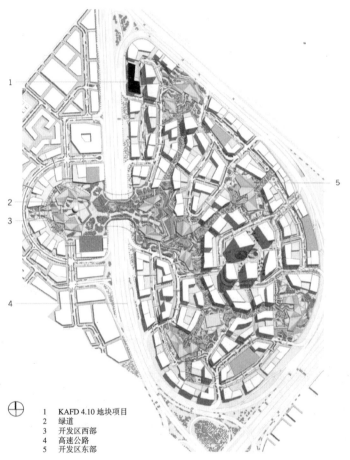

1　KAFD 4.10 地块项目
2　绿道
3　开发区西部
4　高速公路
5　开发区东部

图 5-55　KAFD 4.10 项目的场地平面图与区位状况

与案例 KAFD 4.01 项目相同的是，这里的气候也非常炎热而干燥，整个夏季月份都处于非
常高的气温中，并有着强烈的太阳辐射（图 5-39）。可持续性设计对于整体 KAFD 项目的开发是

一个重要而关键的要求，这对 KAFD 4.10 项目的形式与表皮处理产生了明显的影响。所研究的两个 KAFD 案例研究项目：建筑 4.01 与 4.10，对应相同的环境条件，然而，由于它们的场地与项目规划要求不同，因此两者形成了相当不同的建筑形式与立面设计。

　　总体规划要求与场地限制共同影响着 KAFD 4.10 项目的建筑形式与体量，其中有一些要求与建筑 4.01 相同。举例来说，西向立面需要与沿着环城公路、面西的"城市墙"协调适应。而场地中独特的要求为：北向与南向立面要与邻近的两座建筑对齐一致，使得这三栋建筑的体量形式统一，以一个必须设置的广场与场地北侧与东侧的邻近广场联结，建筑体量与外围护结构设计也需对太阳朝向敏锐，并在满足最佳视野与采光的同时也能提供足够的遮阳。

　　建筑由两座塔楼组成，一座面向南北，为居住塔楼；而另一座面向东西，为商业塔楼，两座塔楼形成 L 型的平面。图 5-56 所示为办公塔楼的北向和西向立面的立面处理，与居住塔楼的西向立面。塔楼限定位于场地东北角的公共广场，居住塔楼的西向构成了城市墙的一部分，同时商业塔楼的南向立面与东边建筑的南向立面形成了连接与呼应，塔楼还可对场地中的户外空间的直射阳光形成遮挡。

图 5-56　KAFD 4.10 地块项目的居住与办公塔楼，西北向景象

KAFD 4.10 项目是一栋混合使用型建筑，零售空间在低层（向外延伸，从而超出塔楼的覆盖范围），商业与居住功能在其上部。办公塔楼为 15 层，居住塔楼则为 23 层，并在顶部三层跨越到办公塔楼。办公塔楼的最长边面对着南北，而居住塔楼的最长边则面对着东西，如图 5-57 所示。

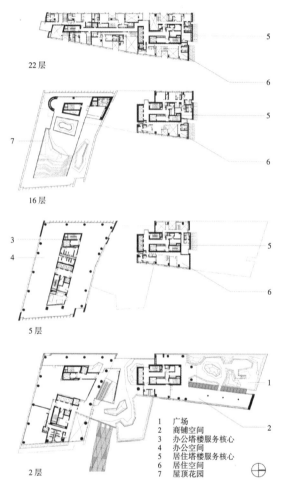

图 5-57　KAFD 4.10 项目的楼层平面图

图 5-58 所示为构成 KAFD 4.10 项目立面的多种外墙系统。由于两座塔楼的东侧和西侧均可提供面向周围区域的最佳视野，因此东向与西向立面的窗墙比就比南向和北向立面更高。大面积的通视玻璃可为使用者提供日光与景观视线，同时外遮阳装置还可维持尽可能低的热得量。

办公塔楼的东向与西向立面具有深垂的竖向铝制翼板，以遮挡大部分的直射阳光，避免其进入室内。居住塔楼的东向与西向立面则采用深槽铝挤型幕墙，并结合透明玻璃和釉面玻璃，可提供采光、视线与遮阳。

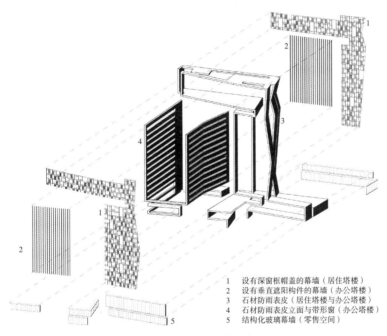

1　设有深窗框帽盖的幕墙（居住塔楼）
2　设有垂直遮阳构件的幕墙（办公塔楼）
3　石材防雨表皮（居住塔楼与办公塔楼）
4　石材防雨表皮立面与带形窗（办公塔楼）
5　结构化玻璃幕墙（零售空间）

图 5-58　KAFD 4.10 项目建筑的立面系统示意图

　　在办公塔楼的北向与南向立面，铺设石质饰面防雨帘幕的连续水平窗户，以满足朝向室外的景观视线；窗户上方的水平石质遮阳装置可阻挡直射阳光，并可反射阳光进入室内空间。居住塔楼的北向与南向立面，也是外挂石质饰面的防雨帘幕。

　　以下则更为详细地说明这些系统的构成：

- 居住塔楼的东向与西向立面，是由已发色的、低辐射释出（low-e）镀膜的、隔热玻璃单元所组成的组合型铝制幕墙。透光日影盒（具有隔热金属背板的窗间墙玻璃）则设在窗间墙的区域范围内（图 5-59）。

- 办公塔楼的北向与南向立面，是由具有天然石材外挂覆面、空气腔层、隔热层，以及空气和水汽隔膜的防雨帘幕系统所组成，并以钢筋混凝土墙作为所有构件的支撑。每层楼均装设有水平铝制条形窗，水平石材外挂遮阳装置也设在接近条形窗户的顶部，如图 5-60 所示。

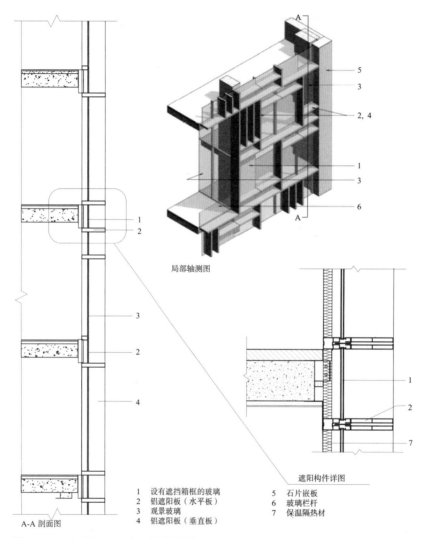

局部轴测图

A-A 剖面图

遮阳构件详图

1 设有遮挡箱框的玻璃   5 石片嵌板
2 铝遮阳板（水平板）   6 玻璃栏杆
3 观景玻璃   7 保温隔热材
4 铝遮阳板（垂直板）

图 5-59   东向与西向立面的幕墙剖面图、局部轴测图，与水平遮阳装置的细部详图（居住塔楼）

- 办公塔楼的东向与西向立面，是由四面结构硅胶玻璃的组合型铝制幕墙；已着色的、低辐射释出（low-e）且隔热的玻璃单元；用户自定义的竖向铝制翼板；以及窗间区域的透光日影盒所组成。图 5-61 所示为办公塔楼西向立面的剖面图与日影盒的细部详图。

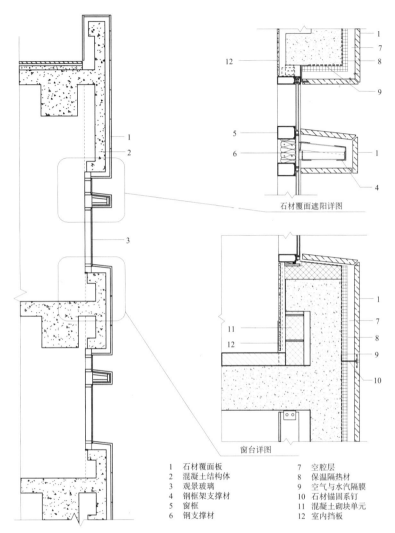

石材覆面遮阳详图

窗台详图

1 石材覆面板	7 空腔层
2 混凝土结构体	8 保温隔热材
3 观景玻璃	9 空气与水汽隔膜
4 钢框架支撑材	10 石材锚固系钉
5 窗框	11 混凝土砌块单元
6 钢支撑材	12 室内挡板

图 5-60　南向立面的防雨帘幕剖面图、局部轴测图与细部详图（办公塔楼）

- 居住塔楼的北向与南向立面由防雨帘幕系统与幕墙所成的。防雨帘幕是由天然石材外挂覆面、空气腔层、隔热层，以及空气和水汽隔膜所制成，并以斜向钢筋混凝土墙作为所有构件的支撑（图 5-62）。图 5-63 所示为幕墙的剖面图与细部详图，这类幕墙在北向与南向立面中所占百分比较少。
- 零售空间立面由木骨框架幕墙系统所组成。

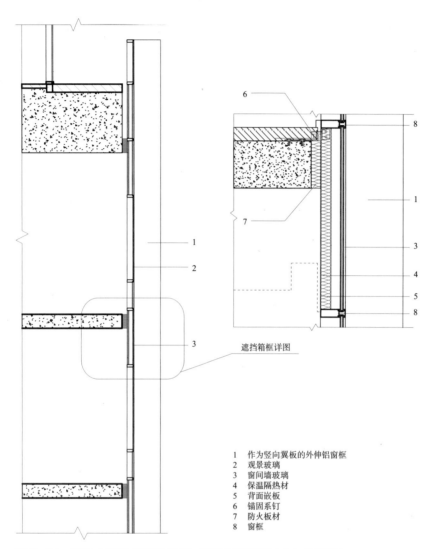

遮挡箱框详图

1   作为竖向翼板的外伸铝窗框
2   观景玻璃
3   窗间墙玻璃
4   保温隔热材
5   背面嵌板
6   锚固系钉
7   防火板材
8   窗框

图 5-61   西向立面的幕墙剖面图与日影盒细部详图（办公塔楼）

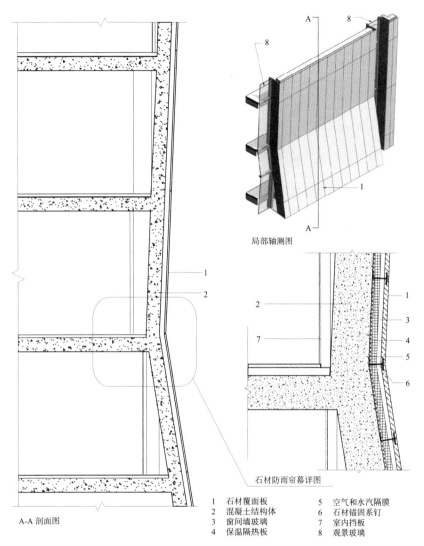

局部轴测图

石材防雨帘幕详图

A-A 剖面图

1	石材覆面板	5	空气和水汽隔膜
2	混凝土结构体	6	石材锚固系钉
3	窗间墙玻璃	7	室内挡板
4	保温隔热板	8	观景玻璃

图 5-62   北向立面的防雨帘幕剖面图、局部轴测图与细部详图（居住塔楼）

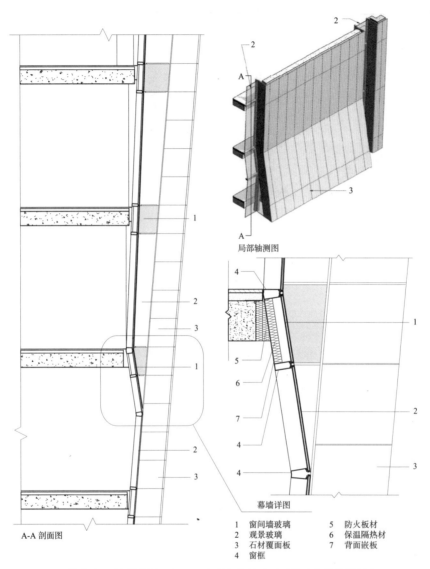

局部轴测图

幕墙详图

A-A 剖面图

1	窗间墙玻璃	5	防火板材
2	观景玻璃	6	保温隔热材
3	石材覆面板	7	背面嵌板
4	窗框		

图 5-63 北向立面的幕墙剖面图、局部轴测图与细部详图（居住塔楼）

建筑立面处理策略的总体规划指导中，要求整个墙体表皮的透明部分不得超出 40%。表 5-2 列出所有立面的窗墙比，整体建筑的窗墙比总和为 40.8%。

所有立面的窗墙比

表 5-2

扣除零售台面层墙的立面面积平方英尺（m²）					
立面朝向	透明玻璃（无釉面）	20% 釉面玻璃	80% 釉面玻璃	透明面积总和	立面面积总和	透明度百分率
办公塔楼						
东向	7,866（731）			7,866（731）	16,775（1,559）	47%
南向	9,695（901）			9,695（901）	27,642（2,569）	35%
北向	8,974（834）			8,974（834）	28,277（2,628）	32%
西向	8,242（766）			8,242（766）	17,722（1,647）	47%
居住塔楼						
东向	19,153（1,780）	1,033（96）	420（39）	20,186（1,876）	29,988（2,787）	67%
南向	2,367（220）			2,367（220）	17,958（1,699）	13%
北向	2,217（206）			2,217（206）	21,412（1,990）	10%
西向	16,667（1,549）	473（44）	248（23）	17,140（1,593）	29,762（2,766）	58%
建筑立面总和				77,354（7,189）	189.537（17,615）	40.8%

对于局部东向立面的全尺寸实体模型，也曾进行过性能检测测试，如图 5-64 所示。性能测试项目包括针对风与冲击荷载的抵抗阻力、静态压力下的空气与水分渗透，以及动态压力下的水分渗透等项目。

设计阶段所进行的能源模型模拟的结果指出，KAFD 4.10 项目的总体能源节约值将比 ASHRAE 90.1-2007 的基准值节省大约 15%，除此之外，能源模型还显示制冷负荷将减少 18%、室内照明负荷将减少 27%，采暖负荷将减少 50%。

图 5-64　立面性能的实体模型检测

室外遮阳构件

得克萨斯州达拉斯大学学生服务楼

得克萨斯州达拉斯大学（UTD）的学生服务楼位在炎热型气候区（IECC 中的 2B 区或柯本气候分类中的 "BSh"）。图 5-65 所示为与该区位热舒适域相关的全年日平均气温和可利用的太阳辐射量信息。夏季月份普遍炎热晴朗，其他季节则相对温和。因此，夏季条件是立面设计时应首要考虑的因素。

建筑场地由校园总体规划确定，有三个首要的规划原则：以一个中央林荫道来确定校园的社交核心，整合人行步道与周围邻近建筑的联系，以及利用当地的原有景观。UTD 学生服务楼位于主要的人行步道旁，其整体形式为矩形，且长边为南北朝向。（图 5-66）

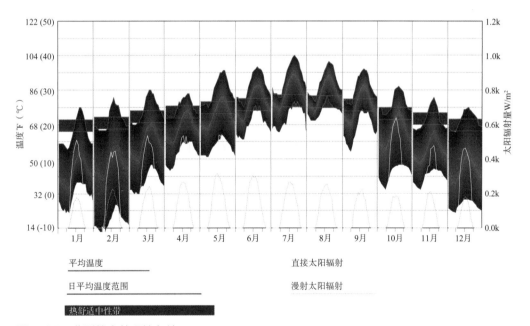

图 5-65　典型的室外环境条件

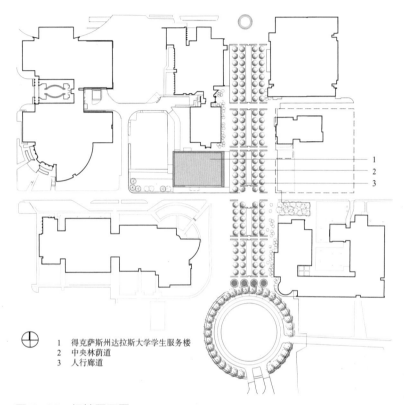

1　得克萨斯州达拉斯大学学生服务楼
2　中央林荫道
3　人行廊道

图 5-66　场地平面图

　　得克萨斯州达拉斯大学期望新的学生服务楼能具有独特的设计,并在校园内容易辨识。除此之外,这栋建筑还需使用与校园内其他建筑相当的建造成本,但必须获得至少超过 50% 的能效。为实现这一目标,设计团队研发出可遮挡建筑立面的遮阳构件的方法,使这栋建筑看起来与周围邻近的建筑完全不同。图 5-67 ~ 图 5-69 所示为建筑的南向立面与东向立面,以及可形成这栋建筑独特设计的室外遮阳构件。

　　这栋四层楼的学生服务楼由学生登记空间、医疗服务、辅导咨询、财政资助、学生注册服务与职业生涯中心所组成。图 5-70 所示为底层与第三层的楼层平面图,室外遮阳构件完全遮盖东向、西向与南向立面的第 2 层与第 3 层,以及部分的北向立面。其中有 3 个内部中庭可为室内空间提供日光。图 5-71 为可展示 3 个中庭的建筑纵向剖面图、以及可说明建筑和立面遮阳构件关系的体量分布示意图。图 5-72 与图 5-73 所示为中庭的内部景观,太阳遮挡与室内光线采集的结合可限制太阳热得,还可为 3/4 的室内空间提供日光,几乎所有可供使用者常规活动的空间内均能看到室外景象。

图 5-67　室外景象（南向与东向立面）

图 5-68　UTD 学生服务楼的室外景象（南向立面）

图 5-69　东向立面的室外遮阳

　　建筑物的四面均被幕墙围合。东向、西向与南向立面（以及部分的北向立面）被一个由幕墙支撑的外遮阳构件组合构造所包裹。遮阳系统由水平陶质百叶与垂直不锈钢杆件所组成。南向立面的局部立面图与轴测图，可说明遮阳构件的密度与图案是如何变化的。（图 5-74）

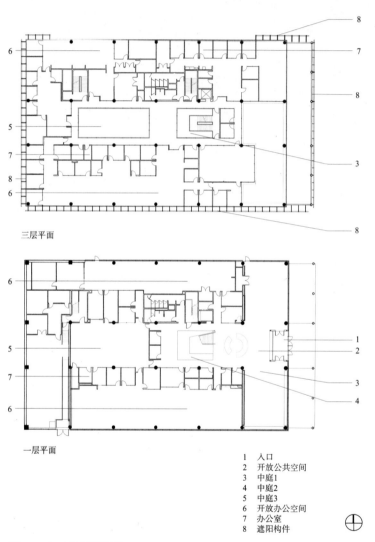

三层平面

一层平面

1　入口
2　开放公共空间
3　中庭1
4　中庭2
5　中庭3
6　开放办公空间
7　办公室
8　遮阳构件

图 5-70　楼层平面图

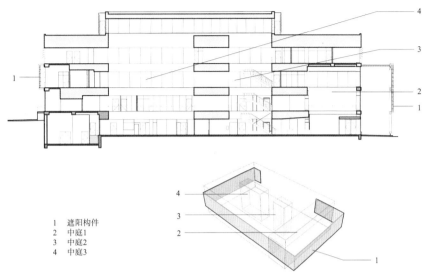

1　遮阳构件
2　中庭1
3　中庭2
4　中庭3

图 5-71　建筑剖面图与内部中庭

图 5-72　中心大中庭

图 5-73　东南向中庭与大厅

图 5-75 所示为遮阳构件的组成零件。水平横向的陶质百叶片由沿着立面、间距为每 5 英尺（1.5m）成对设置的垂直不锈钢杆件支撑，这些垂直杆件在楼层处贴附于建筑表面的水平外伸支架上。由于陶土的抗拉伸强度低，无法在自身与垂直杆件之间形成跨接，因此每片百叶都由贯穿其整片长度，且位于空心圆筒孔中的两根水平不锈钢横杆加固。陶土的优点在于其导热性非常低，且是一种源于自然的材料。每端的铝挤型板片可安全地将水平杆件固定在垂直杆件上，并用陶质端帽将每片板片的端头封护。规则跨接的水平紧固支撑器将成对的垂直杆件系接在一起，以控制偏转，如图 5-76 与图 5-77 所示。

该建筑还结合采用其他与立面无关的可持续性设计策略。屋顶安装太阳能热水集热板，以满足整体建筑的热水需求，用水需求量的降低与雨水收集的运用可明显地降低建筑饮用水使用量，可回收材料与低排放材料也得到全面应用。室内空气质量与二氧化碳水平也由建筑管理与控制系统监测，以改善室内舒适状况。

设计可持续性、能源效益性与成本效益性建筑的目标已可实现。建筑建成后，其建造成本比预算花费节省了大约 10%。建筑运行时的能源成本也比校园其他建筑的平均值降低 63%，在设计阶段能源模拟所确定的能耗比 ASHRAE90.1-2004 标准所规定的基准值建筑降低了 41%。UTD 学生服务楼已获得由美国绿色建筑协会颁布的 LEED 铂金质认证，这也是得州大学系统中首度获得该项认证。

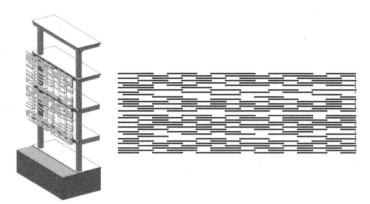

图 5-74 南向立面的轴测景象图与局部立面图

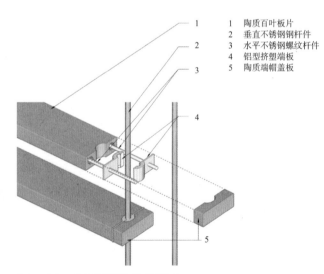

1	陶质百叶板片
2	垂直不锈钢钢杆件
3	水平不锈钢螺纹杆件
4	铝型挤塑端板
5	陶质端帽盖板

图 5-75 陶质遮阳构造示意图

图 5-76　望向户外的视野景象，可见陶质遮阳系统与密度多变的遮阳构件

图 5-77　从办公空间望向室外的景象，可见设在楼板处的外伸支架与钢杆紧固支撑器

立面材料与墙体组合构造

毕格罗海洋科学实验室

　　毕格罗海洋科学实验室坐落在缅因州东布斯湾，为一处设在 64 英亩布满森林山丘上的新型研究园区，在此可俯瞰流向大西洋的达马瑞斯哥塔河。它位于海岸型气候，气候特征为凉爽且湿润（IECC 中的 5A 区或柯本气候分类体系中的 "Dfb"）。图 5-78 所示为全年日气温与可利用太阳辐射状况，以及平均热舒适域。冬季月份非常寒冷，太阳辐射相对较低，而春季与秋季则较为温和，夏季则为炎热（6 月除外，其日气温明显低于 5 月与 7 月）。由于场地邻近海洋，因此相对湿度高。这个气候区的立面应当设计较高水平的热阻值，以利于在冬季时被动式太阳采暖，然而在夏季时窗户则应设置遮阳以降低太阳热得。

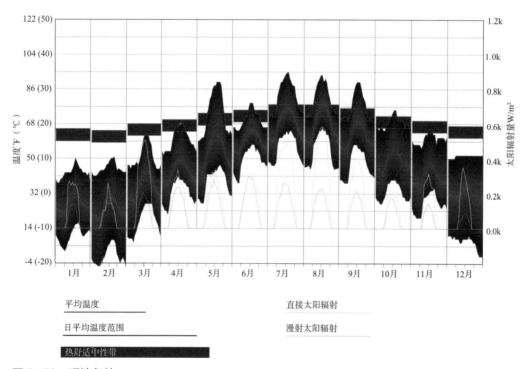

图 5-78　环境条件

园区的总体规划包括五种主要的设施组成：四座研究翼房、一个连接各翼房"公共"区域的协调空间、海岸设施、用于教学拓展与研究的未来建筑、以及为访问学者与学生提供的居住公寓（图 5-79 ~ 图 5-89）。所研究的设施组成包括大气 - 海洋相互作用、海洋光学、海洋生物地球化学、流式细胞学与单细胞基因组学、藻类培养、微生物学、分子生物学、遥感与海洋观测的实验室与研究空间。图 5-79 所示为总体规划的各项设施与实施阶段状况。场地基础设施、三座研究翼房、局部公共空间、海岸设施与研究船舶的码头在本文撰写时已竣工。

对于场地的敏感性问题的处理是一个重要的设计考虑要素。场地设施组成，包括基础设施与建筑，这些都被谨慎地布局，以限制对自然栖息地的干扰。当地的生态湿地被用于调节雨洪，以缓解雨水对屋顶的冲刷作用，生物滞留池也可用于控制及清理来自道路与停车场的强降水。

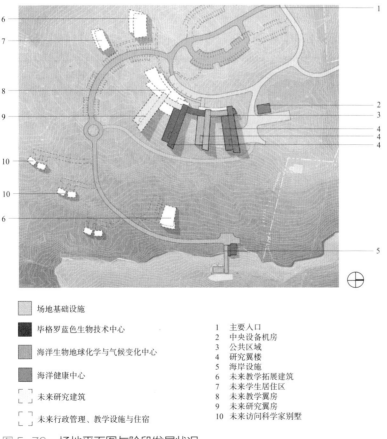

	场地基础设施		1	主要入口
	毕格罗蓝色生物技术中心		2	中央设备机房
	海洋生物地球化学与气候变化中心		3	公共区域
	海洋健康中心		4	研究翼楼
	未来研究建筑		5	海岸设施
			6	未来教学拓展建筑
	未来行政管理、教学设施与住宿		7	未来学生居住区
			8	未来教学翼房
			9	未来研究翼房
			10	未来访问科学家别墅

图 5-79 场地平面图与阶段发展状况

由克里斯托弗·巴尔内斯提供；
© ChristopherBarnes.com

图 5-80 两座在建中的研究翼房

实验室翼房沿着朝向近似于东西向的轴线布局，每座翼房的长边都面向南北，如图 5-81 所示。实验室翼房之间的间距使日光能到达所有的作业空间，冬季月份时低角度的太阳辐射也可提供些许被动式采暖。不同季节的太阳位置，特别是较低的冬季太阳位置，被用于决定建筑之间的距离。沿着翼房的南向立面，大面积窗户可使大量阳光穿透并渗入室内空间，5-82 所示为从室内公共区域所见的南向立面景象。

由于建筑必须抵御夏热冬冷的气候环境，因此设计立面时需特别留意结合改善热效能以及扩大延伸室内空间的采光。每向立面都采取被动式设计策略，以应对各自朝向的热效。南向立面设有结合水平挑檐的大片穿孔型窗户，从而可在夏季月份时阻挡太阳辐射，并在冬季月份让阳光渗透，以提供被动式采暖。北向立面的窗墙比较低，该立面具有较小的开窗与良好隔热性能的大面积不透光墙体，可使热效能得以改善。室外材料的选择要考虑可针对海洋环境的空气中高程度盐分的抵抗能力。例如：镀锌嵌板有一层天然的铜锈表层，可在不需要外加涂层的状况下隔绝盐分，因此它被选为主要的墙体材料之一。图 5-85 所示为局部南向立面图与外墙平面图以及剖面图。组合构造的组件包括：

- 连锁预钝化镀锌瓷砖，由间距 2.5 英尺（760mm）的垂直及水平"Z"字型拉杆支撑；
- 半刚性矿物纤维隔热板（3 英寸 /76mm 厚）；
- 附着在防护板上的空气与水汽阻隔片板；
- 强化纤维的防护板（0.63 英寸 /16mm 厚）；
- 6 英寸（152mm）的钢骨空腔层的泡沫喷涂隔热板（3 英寸 /76mm 厚）；
- 室内防护板（0.63 英寸 /16mm 厚）。

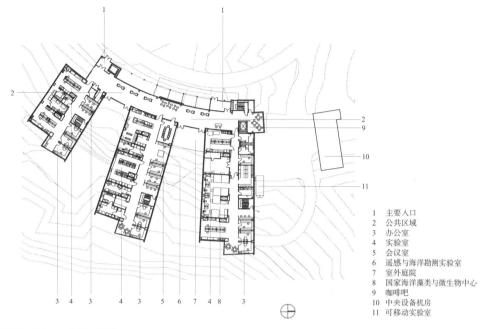

1 主要入口
2 公共区域
3 办公室
4 实验室
5 会议室
6 遥感与海洋勘测实验室
7 室外庭院
8 国家海洋藻类与微生物中心
9 咖啡吧
10 中央设备机房
11 可移动实验室

图 5-81 一层平面图

由克里斯托弗·巴尔内斯提供；© ChristopherBarnes.com

图 5-82 公共区域的室内景象，所示为南向立面的镀锌侧壁与水平遮阳板，以及东向与西向立面的幕墙状况

由克里斯托弗·巴尔内斯提供；© ChristopherBarnes.com

图 5-83   研究翼房的东南角隅

由克里斯托弗·巴尔内斯提供；© ChristopherBarnes.com

图 5-84   设有遮阳构件与木嵌板的东向立面幕墙

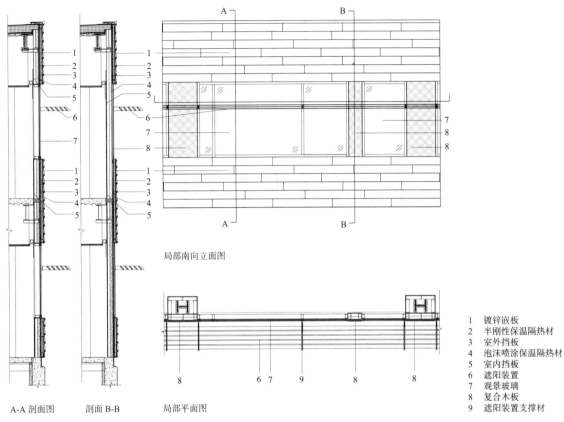

A-A 剖面图　　剖面 B-B　　局部平面图

1　镀锌嵌板
2　半刚性保温隔热材
3　室外挡板
4　泡沫喷涂保温隔热材
5　室内挡板
6　遮阳装置
7　观景玻璃
8　复合木板
9　遮阳装置支撑材

图 5-85　南向立面的局部立面图、部分平面图与剖面图

　　外墙的厚度为 12 英寸（305mm）。窗户由断热铝制窗梃与低辐射释出（low-e）、氩气填充的 IGUs 所组成，其 U 值为 0.24Btu/h-ft²- ℉（1.36W/m²-°K），而 SHGC 值为 0.38。设在穿孔型窗户之间的是饱与树脂复合木嵌板。具有 3 英寸（76mm）厚的泡沫喷涂隔热板的不透光墙体，其 U 值为 0.058 Btu/h-ft²- ℉（0.33W/m²-°K）。30 英寸（760mm）的深挑檐由 5 片铝制百叶板构成，可调节角度以阻挡较高的夏季太阳，如图 5-89 所示。

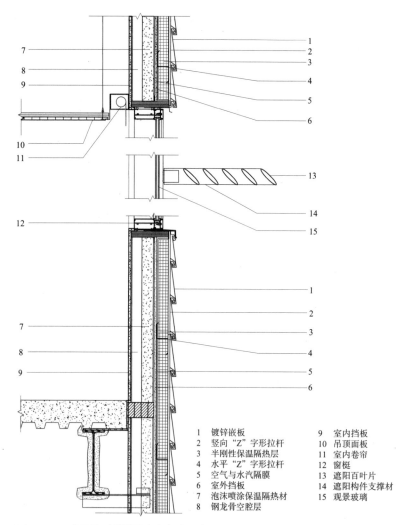

1　镀锌嵌板　　　　　　　9　室内挡板
2　竖向"Z"字形拉杆　　 10　吊顶面板
3　半刚性保温隔热层　　 11　室内卷帘
4　水平"Z"字形拉杆　　 12　窗梃
5　空气与水汽隔膜　　　 13　遮阳百叶片
6　室外挡板　　　　　　 14　遮阳构件支撑材
7　泡沫喷涂保温隔热材　 15　观景玻璃
8　钢龙骨空腔层

图 5-86　剖面细部详图（南向立面）

　　西向立面包括 3 种立面类型：（1）设在楼梯围护结构与开放协调空间的镀锌板；（2）设在入口空间的幕墙；（3）其余区域的复合木嵌板与幕墙。图 5-89 所示为局部西向立面图与墙体剖面图，这里的复合树脂木嵌板均整合嵌入幕墙。外墙不透光部分的总厚度为 9 英寸（230mm），这些组件为：

- 复合木嵌板（0.38 英寸 /10mm 厚）；
- 半刚性矿物纤维隔热层（2 英寸 /50mm 厚）；
- 附着在防护面板上的空气与水汽阻隔片板；
- 强化纤维防护板（0.63 英寸 /16mm 厚）；
- 附有 4 英寸（100mm）钢骨空腔层的泡沫喷涂隔热板（3 英寸 /76mm 厚）；
- 室内防护板（0.63 英寸 /16mm 厚）。

幕墙由断热铝制窗梃，低辐射释出（low-e）、填充氩气的 IGUs，与幕墙上半部的隔热窗间墙所组成。立面的总体 U 值为 0.062 $Btu/h\text{-}ft^2\text{-}{}^{\circ}F$（0.35 $W/m^2\text{-}{}^{\circ}K$）。

由克里斯托弗·巴尔内斯提供；© ChristopherBarnes.com

图 5-87　展示局部咖啡馆景象的北向立面

由克里斯托弗·巴尔内斯提供；© ChristopherBarnes.com

图 5-88　位于东南角隅的办公空间室内景象

这项立面设计与许多其他的可持续性、能源效益性的设计策略结合，使整体能源模型与 ASHRAE90.1-2007 的基准值建筑相比节约了 53%。在本文撰写时，毕格罗海洋科学实验室就已成为美国绿色建筑协会授予 LEED 金质认证的设定目标。

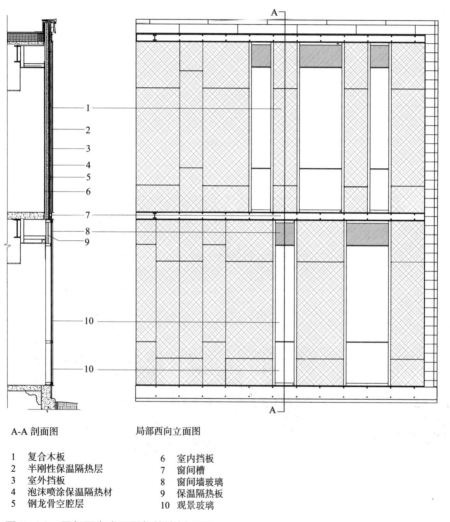

A-A 剖面图   局部西向立面图

1	复合木板	6	室内挡板
2	半刚性保温隔热层	7	窗间槽
3	室外挡板	8	窗间墙玻璃
4	泡沫喷涂保温隔热材	9	保温隔热板
5	钢龙骨空腔层	10	观景玻璃

图 5-89   局部西向立面图与外墙剖面图

附录

案例研究索引

第2章

案例研究 2.1：

文森特·特里格斯小学，克拉克县小学基本原型（内华达州，拉斯韦加斯）

建筑规模：86400平方英尺（8030m²）

竣工时间：2010年

建筑师：约翰·A·马丁联合工程公司 - 内华达州

建筑公司：珀金斯 + 威尔建筑师事务所

　　管理负责人：温德尔·沃恩

　　项目经理：埃里克·布罗西·德·迪奥斯

　　项目建筑师：廷卡·罗杰克，赛斯·坂本

委托人：克拉克县学区

结构工程师：约翰·A·马丁联合公司 - 内华达州

机电设备工程师：IBE（建成环境理念实践公司）

总承包商：罗奇营造厂

案例研究 2.2：

赫克特·加西亚中学（得克萨斯州，达拉斯）

建筑规模：175000平方英尺（16260m²）

竣工时间：2007年

建筑公司：珀金斯 + 威尔建筑师事务所

　　管理负责人：彼得·布朗

　　项目设计：罗斯提·沃克，卡罗尔·康比

　　项目经理：帕特里克·格伦

　　项目建筑师：帕特里克·格伦

　　教育规划：彼得·布朗与帕特里克·格伦

　　项目团队：安迪·克莱格、斯汀·帕斯卡莱、马克·沃尔什

委托人：达拉斯独立学区

结构工程师：APM联合工程公司 /LA菲斯合伙公司

机电设备工程师：巴沙尔罕工程公司

土木工程师：APM联合工程公司

景观设计师：巴肯比莱＋克雷格

AV/IT/安全顾问：数据通信设计集团

屋顶顾问：阿姆泰克建筑科学公司

代理商：AIR 工程公司

总承包商：萨特菲尔德和庞提克斯

案例研究 2.3：

肯德尔学术援助中心，迈阿密达德学院（佛罗里达州，迈阿密）

建筑规模：120000 平方英尺（11150m^2）

竣工时间：2012 年

建筑公司：珀金斯＋威尔建筑师事务所

    设计负责人：帕特·博世

    管理负责人：吉恩·克鲁斯尔

    项目设计师：安吉拉·苏亚雷斯、丹妮丝·冈萨雷斯、鲁本·拉莫斯

    项目经理：卡洛斯·邱

委托人：迈阿密达德学院

第 3 章

案例研究 3.1：

疾病控制与预防中心，国家环境健康中心（佐治亚州，亚特兰大）

建筑规模：145000 平方英尺（13480m^2）

竣工时间：2005 年

建筑公司：珀金斯＋威尔建筑师事务所

    设计负责人：曼纽尔·卡德雷克

    项目设计：戴维·罗格斯

    管理负责人：丹尼尔·沃切

    项目建筑师：迪帕·托拉特

委托人：疾病控制与预防中心

结构工程师：斯坦利·D·林德赛联合工程公司

机电设备工程师：纽科姆和博伊德工程顾问公司

总承包商：吉尔班建筑公司

第4章

案例研究 4.1：

诺拉·宾特·阿卜杜拉罕公主大学女子学院（沙特阿拉伯，利亚德）

建筑规模：5500000 平方英尺（511111m²）

竣工时间：2011 年

建筑师：达尔 - 汉达沙

建筑公司：珀金斯 + 威尔建筑师事务所

    设计负责人：帕特·博世

    项目设计师：安吉拉·苏亚雷斯，林肯·琳达，勇·李

    技术负责人：乔治·沃卡塞尔

    管理负责人：吉恩·克鲁斯尔

    高级项目建筑师：古斯塔沃·阿方索

    项目建筑师：达米安·庞顿

    项目团队：约翰·霍夫曼、特伦斯·拉芬、R.·丹尼斯、A.·布拉格纳、Y.·迪亚兹、J.·伯纳尔

委托人：达尔汉达沙 - 开罗

建造经理：沙特·奥格，沙特·本拉登集团

案例研究 4.2：

西凯斯储备大学，廷汉姆·维尔大学中心（俄亥俄州，克利夫兰）

建筑规模：89500 平方英尺（8320m²）

竣工时间：2013 年

建筑公司：珀金斯 + 威尔建筑师事务所

    设计负责人：拉尔夫·约翰逊

    管理负责人：马克·祖里哥，肯·罗尔芬

    项目 / 规划负责人：杰夫·斯特巴

    项目设计师：布莱恩·沙波尔，大卫·希恩

高级项目建筑师：马克·沃尔什

项目设计师：詹森·弗洛勒斯

项目团队：本·斯波尔、丹尼斯·包尔、马克·尼斯、劳伦·普利克特、马克斯·亚当斯、丹尼尔·费拉里奥、劳拉·林德格德、亚历克斯·吴

委托人：西凯斯储备大学

结构工程师：桑顿·托马塞蒂

机电设备工程师：附属工程有限公司

土木工程师：KS 联合工程公司

总承包商：唐利

第5章

亚利桑那州立大学跨学科科学技术大楼（亚利桑那州，坦佩）

建筑规模：175169 平方英尺（16272m²）

竣工时间：2006 年

建筑公司：珀金斯 + 威尔建筑师事务所

设计负责人：拉尔夫·约翰逊

管理负责人：迈克尔·史密斯

项目设计师：布莱恩·沙波尔，坚吉兹·耶肯

项目经理：约翰·贝克尔

项目建筑师：刘易斯·伍德

项目团队：斯科特·艾伦、比尔·伯格、勇·蔡、玛丽·格雷罗、杰夫·奥尔森、塞萨尔·皮内达、米歇尔·圣斯塔巴克、利奈特·特德、玛丽亚·沃尔特斯

委托人：亚利桑那州立大学

协作建筑师：迪克 & 弗里奇设计集团

结构工程师：KPFF 咨询工程顾问公司

机电设备工程师：巴德，拉奥 + 阿塔那斯咨询有限公司

景观设计师：洛根·辛普森设计有限公司

可持续顾问：巴特尔·麦卡锡

总承包商：吉尔班建筑公司

城市水资源中心（华盛顿州，塔克玛）

建筑规模：51000 平方英尺（4740m²）

竣工时间：2010 年

建筑公司：珀金斯 + 威尔建筑师事务所

　　设计负责人：凯·科诺维赫

　　项目经理：丹·森

　　项目团队：托尼·德奥伊罗，德温·克莱纳

委托人：NDC 住房与经济开发集团

主要使用者：塔克玛市的环境服务部

开发商：洛里格联合工程公司，LLC

结构与土木工程师：AHBL 有限公司

机电设备工程师：WSP 弗拉克 + 库尔茨

景观设计师：斯威夫特与康帕尼

委员会：拉辛公司

总承包商：特纳建设公司

科威特大学教育学院（科威特，沙德迪亚）

建筑规模：1200576 平方英尺（111520m²）

竣工时间：预计 2014 年

建筑公司：珀金斯 + 威尔建筑师事务所

　　设计负责人：安东尼·费尔德曼

　　管理负责人：米歇尔·基恩

　　技术负责人：卡尔文·史密斯

　　项目团队：卡马尔鲁赫·卡特科、斯科特·柯卡姆、明·梁、达切·奥斯本、丹尼斯·帕克、爱德华·斯坦德、容依·宋、敏豪·杨、斯科特·尤科姆

　　室内设计：帕金斯 + 威尔技术实验室

委托人：科威特大学

结构工程师：达尔汉达沙

机电设备工程师：达尔汉达沙

能源与日光模拟顾问：阿特利尔·坦恩

总承包商：特纳设计、建设管理

阿卜杜拉国王金融区的 4.01 地块项目建筑（沙特阿拉伯，利亚德）

建筑规模：166576 平方英尺（15481m²）

竣工时间：2013 年

建筑公司：珀金斯＋威尔建筑师事务所

    设计负责人：大卫·汉森

    高级项目设计师：库尔特·贝恩克

    管理负责人：米歇尔·帕尔默

    高级项目建筑师：詹姆斯·吉贝尔豪森

    项目建筑师：詹森·塞奇

    项目团队：丹·菲加特、马特·布玛、沙拉·伍德、布拉顿·比德曼、塔拉·瑞加尼克

委托人：利亚德投资公司

结构工程师：达尔汉达沙

机电设备工程师：达尔汉达沙

总承包商：沙特·本拉登集团

阿卜杜拉国王金融区的 4.10 地块项目建筑（沙特阿拉伯，利亚德）

建筑规模：385563 平方英尺（35820m²）

竣工时间：2013 年

建筑公司：珀金斯＋威尔建筑师事务所

    设计负责人：拉尔夫·约翰逊

    高级项目设计师：罗恩·斯太尔马斯基

    管理负责人：米歇尔·帕尔默

    高级项目建筑师：詹姆斯·吉贝尔豪森

    项目建筑师：詹森·塞奇

    项目团队：约翰·基斯顿、米拉·库克、斯科特·丹斯雷奥、布鲁斯·维尔纳、艾施特·沙阿、丽贝卡·考克斯

委托人：利亚德投资公司

结构工程师：达尔汉达沙

机电设备工程师：达尔汉达沙

总承包商：沙特·本拉登集团

得克萨斯州达拉斯大学学生服务楼（得克萨斯州，达拉斯）

建筑规模：74343 平方英尺（6909m²）

竣工时间：2010 年

建筑公司：珀金斯 + 威尔建筑师事务所

　　设计负责人：彼得·巴斯比

　　高级项目设计师：赖安·布拉格

　　项目设计师：阿斯温·托尼

　　管理负责人：理查德·米勒

　　高级项目经理：德怀特·伯恩斯

　　项目建筑师：丹尼尔·达伊

　　工业设计师：苏林·休乌

　　项目建筑师：丹尼尔·达伊

　　项目团队：保罗·考彻、肖恩·加曼、哈利·格拉斯科、赫尔曼·高、埃尔克·拉特雷尔、布莱尔·麦克加利、弗瑞德·帕纳、特里·萨利纳斯

委托人：得克萨斯州大学达拉斯分校

结构工程师：佳斯特·金塔尼利亚

机电设备工程师：基础设施联合公司

总承包商：伊尔和威尔金森

毕格罗海洋科学实验室（缅因州，东布斯湾）

建筑规模：65000 平方英尺（6040m²）

竣工时间：2012 年

首席顾问：WBRC 建筑师和工程师公司

合作建筑公司：珀金斯 + 威尔建筑师事务所

　　管理负责人 / 规划负责人：盖里·肖

　　项目设计师：帕特里克·坎宁安

　　高级项目建筑师：安德烈·格策

　　项目团队：安东尼·帕普罗茨基、马德琳·哈勒、玛丽亚姆·卡图赞

委托人：毕格罗海洋科学实验室

结构工程师：WBRC 建筑和工程顾问公司

机电设备工程师：WBRC 建筑和工程顾问公司

建造经理：孔西格里营造公司

A

Acoustics 声学，115-118

Acoustic comfort 声舒适，8-9，115-118

Active energy-generation systems 主动式产能系统，149-153

　　See also Photovoltaic (PV) glass 详见光伏（PV）玻璃；

　　Photovoltaic (PV) panels 光伏（PV）板

Advanced facade materials 先进立面材料，122-126

Aerogels 气凝胶，25，52，214，125

Air barriers 空气隔膜，67，119

Air cavity 空腔层：

　　brick veneer facades 砖饰立面墙，40，41

　　Case Western Tinkham Veale University Center 西凯斯廷汉姆·维尔大学中心，146

　　double-skin facades 双层玻璃幕墙，135，137，141-148

　　rainscreen facades 防雨帘幕立面，47，48

Airflow 气流，42，66-67，135,137，140，144

Air infiltration, 空气渗透，93，118-119

Air-insulated glazing units 空气隔热玻璃单元，92-93，175

Air leakage 空气渗漏，18，67，93

Air movement, thermal comfort and 空气流动，热舒适与，86，93，94

Air pollution 空气污染：

　　ETFE and　ETFE 与，122

　　indoor air quality 室内空气品量，118

　　self-cleaning materials 自清洁材料，128，129

Air quality 空气质量，118-119，216

Alternative energy, facades as source of 替代能源、立面成为…来源，149-153

Aluminum curtain-wall system 铝制幕墙系统：

　　Bigelow Laboratory for Ocean Sciences 毕格罗海洋科学实验室，225

　　Center for Urban Waters 城市水资源中心，174

　　King Abdullah Financial District Parcel 4.01 Building 阿卜杜拉国王金融区 4.01 地块项目建筑，193

　　King Abdullah Financial District Parcel 4.10 Building 阿卜杜拉国王金融区 4.10 地块项目建筑，202-205

　　Princess Nora Bint Abdulrahman University for Women Academic Colleges 诺拉·宾特·阿卜都拉罕公主大学女子学院，132

Aluminum mullions 铝制窗梃，50，57，223

Ambient sounds 作业环境声响，115，116

American Society of Heating, Refrigerating and Air-Conditioning Engineers (ASHRAE) 北美采暖、制冷与空调工程师协会（ASHRAE）：

building performance metrics 建筑性能度量，11

climate classification system 气候分类体系，6-8

Energy Standard for Buildings except Low-Rise Residential Buildings 低层住宅除外的建筑能源标准，10-11

hygrothermal analysis guidelines 湿热分析导则，75

OITC recommendationsOITC（室外 - 室内传输等级）建议值，116

R-value recommendations R 值建议值，11-12

SHGC recommendations SHGC 建议值，13-14

thermal comfort measurement 热舒适度量测，87-89

U-value recommendations U 值建议值，12-13

Amorphous silicon PV cells 非晶硅光伏电池，150

Amorphous thin PV films 非晶硅光伏薄膜，130

Anidolic lighting Anidolic 采光技术 101

Argon-gas-filled IGUs 氩气填充 IGUs，52, 59, 80

　　Bigelow Laboratory for Ocean Sciences 毕格罗海洋科学实验室，223, 225

　　King Abdullah Financial District Parcel 4.01 Building 阿卜杜拉国王金融区 4.01 地块项目建筑，194

Arizona State University Science & Technology Building (Tempe, Arizona) 亚利桑那州立大学跨学科科学技术大楼（亚利桑那州，坦佩），159-167, 231

ASHRAE, *see* American Society of Heating, Refrigerating and Air-Conditioning Engineers ASHRAE，见北美采暖、制冷与空调工程师协会

ASHRAE 90.1 energy standard　ASHRAE 90.1 能源标准：

　　Arizona State University Science & Technology Building 亚利桑那州立大学跨学科科学技术大楼，167

　　Bigelow Laboratory for Ocean Sciences 毕格罗海洋科学实验室，226

　　Center for Urban Waters 城市水资源中心，177

　　King Abdullah Financial District Parcel 4.01 Building 阿卜杜拉国王金融区 4.01 地块项目建筑，198

　　King Abdullah Financial District Parcel 4.10 Building 阿卜杜拉国王金融区 4.10 地块项目建筑，210

　　Kuwait University College of Education 科威特大学教育学院，186

　　University of Texas Dallas Student Services Building 得克萨斯州达拉斯大学学生服务楼，216

ASTM standards　ASTM 标准：

　　acoustic comfort 声舒适，116

　　air barriers 空气隔膜，67

　　air leakage 空气渗漏，67

　　vapor barriers 蒸汽隔膜，68

Atriums 中庭，212, 215

Axial fans 轴流风机，146-148

B

Batt insulation 棉毡保温隔热材，55, 56, 58, 181, 183

Bigelow Laboratory for Ocean Sciences (East Boothbay, Maine) 毕格罗海洋科学实验室（缅

因州，东布斯湾），218-226, 234

Box window double-skin facades 箱窗型双层玻璃幕墙，136-138

Brick cavity walls 空心砖墙，39-41

Brick ties 砖墙系铁，57, 58, 70

Brick veneer facades 砖饰立面墙：

дew-point analysis 露点分析，70-73

elements of ···的要素，40

hygrothermal analysis 湿热分析法，77-78

R-values R 值，55-56

Building orientation 建筑朝向，*详见朝向*

C

Case Western Tinkham Veale University Center (Cleveland, Ohio) 西凯斯廷汉姆·维尔大学中心（俄亥俄州，克里夫兰），145-148, 230-231

Cast-in-place concrete 现浇混凝土，41, 65, 160

Centers for Disease Control and Prevention, National Center for Environmental Health (Atlanta, Georgia) 疾病控制与预防中心，国家环境健康中心（佐治亚州，亚特兰大），107-109, 229

Center for the Built Environment (CBE) 建成环境中心（CBE），89-91

Center for Urban Waters (Tacoma, Washington) 城市水资源中心（华盛顿州，塔克玛），167-177, 231-232

Ceramic frit 陶瓷釉料：

back-coated glass 背覆膜型玻璃，53

Center for Urban Waters 城市水资源中心，174

components 组成构件，52

King Abdullah Financial District Parcel 4.01 Building 阿卜杜拉国王金融区 4.01 地块项目建筑，193

Kuwait University College of Education 科威特大学教育学院，182

solar heat gain reduction 太阳热得减量，25, 61

Channel glass 槽型玻璃，124

CIE (International Commission on Illumination) CIE（国际照明协会），109

Circadian rhythms and daylight 昼夜节律与日光，95

Cladding 覆面：

aerogel inserts 气凝胶填充，124

concrete facades 混凝土立面，41

embodied energy of ···的潜藏能耗，65-66

rainscreen facades 防雨帘幕立面，47, 48

Clerestory windows 高侧窗，170

Climates 气候，2-14

classification systems 分类体系，3-8

defined 被定义的，3

Climate-specific design 特定气候设计：

design strategies 设计策略，9-14

environmental considerations and design criteria 环境考量与设计准则，8-9

guidelines for facades 立面设计导则，8-14

CMU wall, *see* Concrete masonry unit wall CMU 墙，见混凝土砌体单元墙

Coatings, glass, 52. *see also* Frit/fritted glass; Low-emissivity coatings 膜层，玻璃，52. *详见* 釉面 / 烧结玻璃；低辐射释出镀膜

Comfort, designing for 舒适度，为···设计，86-119

acoustic comfort 声舒适，115-118

air quality 空气质量，118-119

daylight and glare 日光与眩光，95-115

thermal comfort 热舒适，86-94

Composite wood panels 复合木嵌板，168, 223, 225, 226

Concrete 混凝土：

cast-in-place 现浇混凝土，41, 65, 160

glass-fiber-reinforced 玻璃纤维增强混凝土，132-135, 182, 183, 185

insulating concrete blocks 混凝土隔热砌块，41

insulating concrete forms 混凝土隔热板，41

precast panels 预制混凝土板，18, 24, 41-47, 63, 65, 66

elf-cleaning 自清洁混凝土板，129

thin-shell precast panels 薄壳预制混凝土板，44-45

Concrete facades 混凝土立面，41-42

Concrete masonry unit (CMU) wall 混凝土砌块单元（CMU）墙，40, 41, 55, 56, 65

Condensation 冷凝结露，68, 77

Control systems 控制系统，153-154

Corridor double-skin facades 通廊式双层玻璃幕墙，136, 137

Courtyards 庭院，23, 160, 179

Curtain walls 幕墙：

Bigelow Laboratory for Ocean Sciences 毕格罗海洋科学实验室，222, 224, 225

Center for Urban Waters 城市水资源中心，168, 174, 175

daylighting 采光，103-105, 107

defined 被定义的，48

energy consumption in mixed humid climates 混合湿润型气候区中的能耗，62

glazed facades 透光型立面，48-54

Hector Garcia Middle School 赫克特·加西亚中学，38

King Abdullah Financial District Parcel 4.01 Building 阿卜杜拉国王金融区 4.01 地块项目建筑，193-198

King Abdullah Financial District Parcel 4.10 Building 阿卜杜拉国王金融区 4.10 地块项目建筑，202-205

Kuwait University College of Education 科威特大学教育学院，181, 184

materials and components 材料与构件，48

opaque areas 不透明区域，52-54

origins of …的起源，18

Princess Nora Bint Abdulrahman University for Women Academic Colleges 诺拉·宾特·阿卜都拉罕公主大学女子学院，132

thermal performance 热效能，50

University of Texas Dallas Student Services Building 得克萨斯州达拉斯大学学生服务楼，214

U-values for …的 U 值，59-60

D

Daylight 日光：

Arizona State University Science & Technology Building 亚利桑那州立大学跨学科科学技术大楼，164

Bigelow Laboratory for Ocean Sciences 毕格罗

海洋科学实验室，220

and facade design strategies 与立面设计策略，8, 10

and glare 与眩光，111

Kuwait University College of Education 科威特大学教育学院，179

University of Texas Dallas Student Services Building 得克萨斯州达拉斯大学学生服务楼，212

Daylight harvesting 日光收集，164, 195, 212

Daylighting 采光：

Bigelow Laboratory for Ocean Sciences 毕格罗海洋科学实验室，220

Center for Urban Waters 城市水资源中心，168

design strategies 设计策略，95-109

King Abdullah Financial District Parcel 4.10 Building 阿卜杜拉国王金融区 4.10 地块项目建筑，201

and orientation 与朝向，22

Daylight simulations 日光模拟，166, 184

Daylight studies 日光分析，43

Desiccated air space 去湿的空气层，51

Design guidelines, climate-specific 设计导则，特定气候，8-14

Dew point 露点，69, 77, 78

Dew-point analysis 露点分析，69-73

Dew-point temperature 露点温度，68, 69

Diffusion (vapor) 扩散（水蒸气），67

Double glazing 双层玻璃，51, 117, 175, 194

Double-skin facades 双层玻璃幕墙，135-148

Case Western Tinkham Veale University Center 西凯斯廷汉姆·维尔大学中心，145-148

in cold climates 在寒冷型气候区，143-148

elements of …的组成要素，135-140

in hot and arid climates 在干热型气候区，141-142

peak energy load 高峰能源负荷，147, 148

E

Electrochromic glass 电致变色玻璃，126, 127

Embodied energy 潜藏能耗，62-66

Emerging technologies 新型技术，122-155

advanced facade materials 先进立面材料，122-126

control systems for facades 立面控制系统，153-154

double-skin facades 双层玻璃幕墙，135-148

facades as energy generators 产能立面，149-153

smart materials 智能材料，126-131

Energy codes 能源规范，10-11。详见 ASHRAE 90.1 能源标准

Energy conservation 能源节约，Xiii, 98

Energy demand 能源需求量，143-144

Energy efficiency 能源效率，18-39

fenestration 开口特性，24-37

orientation of structure for …的结构朝向，19-22

University of Texas Dallas Student Services Building 得克萨斯州达拉斯大学学生服务楼，212

Energy generators, facades as 产能，关于立面的，65, 130, 131, 149-153

Energy performance modeling 能源效能分析与建模作业，8

Energy Standard for Buildings except Low-Rise Residential Buildings 低层住宅除外的建筑能源标准，10-11

Environmental Health Laboratory Building (CDC) 环境健康实验楼（CDC），107-109, 229

ETFE (ethylene tetrafluoroethylene) ETFE（四氟乙烯纤维），122-123

Exhaust air-curtain flow in double-skin facades 双层玻璃幕墙中的排出式空气帘幕，146

Expanded polystyrene insulation 膨胀聚苯乙烯隔热材，41, 55, 56, 70, 75

External shading elements 室外遮阳构件，211-217

F

Facades, functions of 立面，…的功能，x ⅲ, 8

Fans 风机，144, 146-148

Fenestration, energy-efficient 开口特性，能源效率，24-37

Fins 翼板：

  Arizona State University Science & Technology Building 亚利桑那州立大学跨学科科学技术大楼，160, 166

  for energy consumption reduction 减少能耗，61

  horizontal 水平式，98

  King Abdullah Financial District Parcel 4.01 Building 阿卜杜拉国王金融区 4.01 地块项目建筑，193, 194, 197

  King Abdullah Financial District Parcel 4.10 Building 阿卜杜拉国王金融区 4.10 地块项目建筑，203, 204, 206

  Kuwait University College of Education 科威特大学教育学院，182-184

  and light shelves 与导光板，98

  and orientation constraints 与朝向限制，22

Foam insulation 发泡隔热材，44, 55, 56, 220, 223, 225, 226

Framing 框架：

  brick cavity walls 空心砖墙，40

  brick veneer facades 砖饰立面墙，40, 55

  design strategies 设计策略，11-13

  dew-point analysis 露点分析，71

  embodied energy of …的潜藏能耗，65-66

  hygrothermal analysis 湿热分析，75

  importance of design 设计的重要性，25

  King Abdullah Financial District Parcel 4.01 Building 阿卜杜拉国王金融区 4.01 地块项目建筑，193

  opaque facades 不透光型建筑立面，18

  precast concrete panels 预制混凝土板，42

  pressure-equalized rainscreens 等压防雨帘幕，47

  R-values for brick veneer 砖饰面墙的 R 值，55-57

  U-value reduction U 值减量，59

Fraunhofer Institute for Building Physics (IBP) 弗劳恩霍费尔建筑物理协会（IBP），74

Frit/fritted glass 釉面 / 烧结玻璃：

  back-coated glass 背覆膜型玻璃，53

  Center for Urban Waters 城市水资源中心，174-176

components 组成构件，52

daylighting 采光，103-105, 107

ETFE membrane ETFE（四氟乙烯纤维）薄膜，123, 124

King Abdullah Financial District Parcel 4.01 Building 阿卜杜拉国王金融区 4.01 地块项目建筑，193-195

King Abdullah Financial District Parcel 4.10 Building 阿卜杜拉国王金融区 4.10 地块项目建筑，203, 209

Kuwait University College of Education 科威特大学教育学院，182

solar heat gain reduction 太阳热得减量，25, 61, 62

G

GFRC, see Glass-fiber-reinforced concrete Glare GFRC，详见玻璃纤维增强混凝土

Glare 眩光，109

Glare reduction 眩光减量，109-115, 182, 184

Glass, see glazing entries, e.g.: Insulated glazing units (IGUs); specific types of glass, e.g.: Laminated glass 玻璃，详见玻璃开口，比如：隔热玻璃单元（IGUs）; 特定的玻璃类型，比如：层压玻璃

Glass, surface temperature of 玻璃，……的表面温度，91-94

Glass-fiber-reinforced concrete (GFRC) 玻璃纤维强化混凝土（GFRC），132-135, 182, 183, 185

Glazed facades 透光型立面

    acoustic performance 声学性能，117-118

    defined 被定义的，18

heat transfer analysis 热传分析，79-83

materials 材料，48-54

origins 起源，18

R-values R 值，58-59

thermal bridging 热桥，58

U-values U 值，59-60

Glazing 玻璃：

    aerogel inserts 气凝胶填充，124

    Center for Urban Waters 城市水资源中心，167

    curtain wall thermal performance 幕墙热性能，51

    double-skin facades 双层玻璃幕墙，137, 142, 144

    Kuwait University College of Education 科威特大学教育学院，183

    materials for 材料，92-94, 101

    and thermal comfort 与热舒适，92, 93

Glazing units, see Insulated glazing units 玻璃单元，详见隔热玻璃单元

Green Building Council LEED certification, see LEED Gold certification; LEED Platinum certification 绿色建筑协会 LEED 认证，详见 LEED 金质认证; LEED 铂金质认证

Gypsum board 石膏板，55, 56, 65-66, 71

H

Heat transfer 热传，66-69, 182

Heat transfer analysis 热传分析，79-83

Heat transfer coefficient(U-value)传热系数(U值)：

    ASHRAE recommendations ASHRAE 建议值，12-13

Bigelow Laboratory for Ocean Sciences 毕 格罗海洋科学实验室，223, 225

for curtain walls 幕墙的，59-60

defined 被定义的，11

for glazed facades 透光型立面的，59-60

King Abdullah Financial District Parcel 4.01 Building 阿卜杜拉国王金融区 4.01 地块项目建筑，194

for triple-insulated glazing unites 三层隔热玻璃单元的，129

vacuum-insulated glazing units 真空隔热玻璃单元，124

Hector Garcia Middle School (Dallas, Texas) 赫克特·加西亚中学（得克萨斯州，达拉斯），38-39, 228-229

High-performance sustainable facades 高性能可持续性立面，2

Human body 人体：

light's effect on ···上的光照效应，95, 97

and thermal comfort 与热舒适，86, 87, 89

HVAC systems HVAC（暖通空调）系统：

and air quality 与空气质量，118

and daylighting strategies 与采光策略，95, 96

and intelligent systems 与智能系统，154

and interior air pressure 与室内气压，93

and self-shading exterior skin 与自遮阳室外表皮，182

and solar air heating 与太阳能空气加热系统，149

and thermal comfort 与热舒适，86, 89, 93

Hybrid ventilation 混合通风，141, 146

Hygrothermal analysis 湿热分析，74-79

I

IAQ (indoor air quality) IAQ（室内空气品质），118

IBP (Fraunhofer Institute for Building Physics) IBP（弗劳恩霍费尔建筑物理协会），74

ICBs (insulating concrete blocks) ICBs（混凝土隔热砌块），41

ICBs (insulating concrete blocks) ICFs（混凝土隔热板），41

IECC (International Energy Conservation Code) IECC（国际能源保护规范），6-8

IESNA (Illuminating Engineering Society of North America) IESNA（北美照明工程协会），96, 109

IGUs, see Insulated glazing units GUs，详见隔热玻璃单元

IIC (impact insulation class) IIC（撞击声隔声级），116

Illuminance 照度，96, 110

Illuminating Engineering Society of North America (IESNA) 北美照明工程协会（IESNA），96, 109

Impact insulation class (IIC) 撞击声隔绝等级（IIC），116

Inclination angle, for PV cell efficiency 倾角，光伏电池效率，150-152

Indoor air quality (IAQ) 室内空气品质（IAQ），118

Inert gases 填充气体，25, 59, 129

Inorganic phase-change materials 无机相变材料，129

Insulated glazing units (IGUs) 隔热玻璃单元（IGUs）：

aerogel vs. vacuum insulation 气凝胶隔热玻璃单元 vs 真空隔热玻璃单元，131

Bigelow Laboratory for Ocean Sciences 毕格罗海洋科学实验室，223, 225

Center for Urban Waters 城市水资源中心，175

and curtain wall thermal performance 与幕墙的热性能，51-52

glass property calculation with WINDOW software 通过 WINDOW 软件计算透光材料的特性，81

King Abdullah Financial District Parcel 4.01 Building 阿卜杜拉国王金融区 4.01 地块项目建筑，194

King Abdullah Financial District Parcel 4.10 Building 阿卜杜拉国王金融区 4.10 地块项目建筑，203, 204

Kuwait University College of Education 科威特大学教育学院，182

low-e coatings for, *see* Low-emissivity coatings …的低辐射释出（Low-e）镀膜，*详见低辐射释出镀膜*

phase-changing materials for …的相变材料，129-130

and thermal comfort 与热舒适，92-93

U-values for …的 U 值，59-60

vacuum-insulated 真空隔热型，124-125, 131

Insulating concrete blocks (ICBs) 混凝土隔热砌块（ICBs），41

Insulating concrete forms (ICFs) 混凝土隔热板（ICFs），41

Insulation. *See also specific types, e.g.*: Batt insulation 隔热材，*详见特定类型，如：棉毡保温隔热材*

    glazed facades 透光型立面，51-54

    opaque facades 不透光型建筑立面，40-42

    R-values R 值，12

    U-values U 值，25

Intelligent facades 智能立面，153-154

Interdisciplinary Science & Technology Building, Arizona State University (Tempe, Arizona), 亚利桑那州立大学跨学科科学技术大楼（亚利桑那州，坦佩），159-167, 231

International Building Code 国际建筑规范，116

International Commission on Illumination (CIE) 国际照明协会（CIE），109

International Energy Conservation Code (IECC) 国际能源保护规范（IECC），6-8

K

Kendall Academic Support Center, Miami Dade College (Miami, Florida) 肯德尔学术援助中心，迈阿密达德学院（佛罗里达州，迈阿密），42-46, 229

King Abdullah Financial District Parcel 4.01 Building (Riyadh, Saudi Arabia) 阿卜杜拉国王金融区 4.01 地块项目建筑（沙特阿拉伯，利亚德），186-199, 233

King Abdullah Financial District Parcel 4.10 Building (Riyadh, Saudi Arabia) 阿卜杜拉国王金融区 4.10 地块项目建筑（沙特阿拉伯，利亚德），200-209, 233

Koppen Climate Classification System 柯本气候

分类体系，3-5

Kuwait University College of Education (Shadadiyah, Kuwait) 科威特大学教育学院（科威特，沙达迪亚），178-186, 232

L

Laminated glass 层压玻璃，117, 126-128, 130, 131, 182

Landscaping 景观，168

Latitude, PV cell efficiency and 纬度，光伏电池效率与，150-151

Lawrence Berkeley National Laboratory 劳伦斯伯克利国家实验室，97

LEED Gold certification　LEED 金质认证：

Arizona State University Science & Technology Building 亚利桑那州立大学跨学科科学技术大楼，167

Bigelow Laboratory for Ocean Sciences 毕格罗海洋科学实验室，226

Kuwait University College of Education 科威特大学教育学院，186

LEED Platinum certification LEED 铂金质认证：

Center for Urban Waters 城市水资源中心，177

University of Texas Dallas Student Services Building 得克萨斯州达拉斯大学学生服务楼，216

Life-cycle assessment 生命周期评估，62, 138

Lighting, *see* Daylight; Daylighting 照明，*详见* 日光；采光

Light shelves 导光板：

Center for Urban Waters 城市水资源中心，170, 173, 174

daylighting strategies 采光策略，101-103, 107, 110

defined 被定义的，98

summer vs. winter performance of …的夏季与冬季的特性对比，101

Light-to-solar gain (LSG) ratio 光致热得比（LSG），22, 60, 61

LIM (Lowest Isopleth for Mold)（霉菌可生长的最低等值线），79

Liquid crystals 液晶，126-128

Louvers 百叶：

Arizona State University Science & Technology Building 亚利桑那州立大学跨学科科学技术大楼，160, 166

CDC Environmental Health Laboratory Building CDC 环境健康实验楼，107, 108

daylighting strategies 采光策略，103

in spandrels 窗间墙中的，54

University of Texas Dallas Student Services Building 得克萨斯州达拉斯大学学生服务楼，214

Low-emissivity coatings 低辐射释出镀膜：

advanced glazing materials vs 先进玻璃材料 vs，131

Arizona State University Science & Technology Building 亚利桑那州立大学跨学科科学技术大楼，164

Center for Urban Waters 城市水资源中心，175

and daylighting strategies 与采光策略，103

for double-skin facades 双层玻璃幕墙的，141-143

effects on energy consumption 能耗效应，62

King Abdullah Financial District Parcel 4.01 Building 阿卜杜拉国王金融区 4.01 地块项目建筑，194

King Abdullah Financial District Parcel 4.10 Building 阿卜杜拉国王金融区 4.10 地块项目建筑，203, 204

Kuwait University College of Education 科威特大学教育学院，182

light-to-solar-gain ratios for 的光致热得比，60, 61

and thermal comfort 与热舒适，92-93

U-values for …的 U 值，59-60

for vacuum-insulated glazing units 真空隔热玻璃单元的，124

WINDOW software for evaluation of 用于评估的 WINDOW 软件，80-81

Lowest Isopleth for Mold (LIM) 霉菌可生长的最低等值线（LIM），79

LSG (light-to-solar gain) ratio LSG（光致热得比），22, 60, 61

M

Materials 材料，40-46

advanced 先进的，122-126

Bigelow Laboratory for Ocean Sciences 毕格罗海洋科学实验室，218-226

embodied energy of …的潜藏能耗，62-66

glazed building facades 透明型建筑立面，48-54

opaque building facades 不透明型建筑立面，40-42, 46-49

properties 特性，54-66

smart materials 智能材料，126-131

Mean radiant temperature 平均辐射温度，86, 87

Mechanical ventilation 机械通风：

Case Western Tinkham Veale University Center 西凯斯廷汉姆·维尔大学中心，146

Center for Urban Waters, 168 城市水资源中心，168

double-skin facades 双层玻璃幕墙，135-139, 141

and thermal comfort 与热舒适，89

Moisture resistance 抗湿性，66-83

Mold 霉菌，67, 68, 74, 79, 118

Monocrystalline silicon PV cells 单晶硅光伏电池，150

Mullions 窗梃：

Bigelow Laboratory for Ocean Sciences 毕格罗海洋科学实验室，223

curtain walls 幕墙，49-53

King Abdullah Financial District Parcel 4.01 Building 阿卜杜拉国王金融区 4.01 地块项目建筑，193

shading strategies 遮阳策略，62

thermal bridging 热桥，57

N

National Fenestration Rating Council (NFRC) 国家门窗评级协会（NFRC），59, 80

Natural light, *see* Daylight; Daylighting 自然光，*详见日光；采光*

Natural ventilation 自然通风：

and acoustic performance 与声学性能，118

Center for Urban Waters 城市水资源中心，167, 168, 171

and design strategy 与设计策略，10

for energy-efficient facades 能源效率立面的，18

Kuwait University College of Education 科威特大学教育学院，182

and thermal comfort 与热舒适，88, 89

NFRC (National Fenestration Rating Council) NFRC（国家门窗评级协会），59, 80

Noise 噪声，115-118

O

OITC (Outdoor-Indoor Transmission Class) OITC（室外 - 室内传输等级），116-118

Opaque facades 不透光型建筑立面：

acoustic performance improvement 声学性能改善，117

Bigelow Laboratory for Ocean Sciences 毕格罗海洋科学实验室，220

defined 被定义的，18

hygrothermal analysis for 的湿热分析，74-79

materials 材料，40-49

R-values for 的 R 值，54-55

steady state heat and moisture transfer analysis 稳态传热与传湿分析，69-73

Vincent Triggs Elementary School 文森特·特里格斯小学，24

Organic phase-change materials 有机相变材料，129

Orientation 朝向：

Arizona State University Science & Technology Building 亚利桑那州立大学跨学科科学技术大楼，159-167

Bigelow Laboratory for Ocean Sciences 毕格罗海洋科学实验室，220

Center for Urban Waters 城市水资源中心，167-177

and daylighting 与采光，97

for energy efficiency 能源效率的，19-22

Hector Garcia Middle School 赫克特·加西亚中学，38-39

King Abdullah Financial District Parcel 4.01 Building 阿卜杜拉国王金融区 4.01 地块项目建筑，188-189, 194

King Abdullah Financial District Parcel 4.10 Building 阿卜杜拉国王金融区 4.10 地块项目建筑，201

Kuwait University College of Education 科威特大学教育学院，179

for PV cell efficiency 光伏电池效率的，150

Vincent Triggs Elementary School 文森特·特里格斯小学，23

Outdoor-Indoor Transmission Class (OITC) 室外 - 室内传输等级（OITC），116-118

P

Panels, *see specific type of panels, e.g.*: Precast concrete panels 嵌板，*详见特定嵌板类型，如*：预制混凝土板

Passive design 被动式设计：

for air circulation in hot and arid climates 干热型气候区空气循环的，141

Arizona State University Science & Technology Building 亚利桑那州立大学跨学科科学技术大楼，159, 160, 167

Bigelow Laboratory for Ocean Sciences 毕格罗海洋科学实验室，220

Center for Urban Waters 城市水资源中心，168, 171

King Abdullah Financial District Parcel 4.01 Building 阿卜杜拉国王金融区 4.01 地块项目建筑，186, 194, 199

Vincent Triggs Elementary School 文森特·特里格斯小学，22

Passive solar energy/solar heating 被动式太阳能 / 太阳能采暖：

Bigelow Laboratory for Ocean Sciences 毕格罗海洋科学实验室，218, 220

Center for Urban Waters 城市水资源中心，170, 171

defined 被定义的，149

facade design strategies 立面设计策略，10

light-to-solar gain ratio 光致热得比，22

and orientation 与朝向，19, 22

solar air heating curtain walls 太阳能空气加热幕墙，149

solar dynamic buffer zone curtain walls 太阳能动态缓冲区幕墙，149

PER (pressure-equalized rainscreen) PER（等压防雨帘幕），47, 48

Permeance 可透过的，68

Phase-change materials (PCMs) 相变材料（PCMs），129-130

Photocatalysts 光催化剂，128, 129

Photovoltaic (PV) glass 光伏（PV）玻璃，130, 131

Photovoltaic (PV) panels 光伏（PV）板，64, 149-152

PMV (Predicted Mean Vote) PMV（热环境综合评估指标），87, 91

Pollutants, airborne 污染物，空气传播的，118, 122, 128, 129

Passive solar energy/solar heating 多晶硅光伏电池，150

PPD (Predicted Percentage of Dissatisfied) PPD（热环境不满率预测指数），87-88

Precast concrete panels 预制混凝土板，41-47

embodied energy 潜藏能耗，63, 65, 66

Kendall Academic Support Center, Miami Dade College 肯德尔学术援助中心，迈阿密达德学院，42-46

for opaque facades 不透光型建筑立面的，18, 24

Predicted Mean Vote (PMV) 热环境综合评估指标（PMV），87, 91

Predicted Percentage of Dissatisfied (PPD) 热环境不满率预测指数（PPD），87-88

Pressure-equalized rainscreen (PER) 等压防雨帘幕（PER），47, 48

Princess Nora Bint Abdulrahman University for Women Academic Colleges (Riyadh, Saudi Arabia) 诺拉·宾特·阿卜都拉罕公主大学女子学院（沙特阿拉伯，利亚德），132-135, 230

Punched windows 穿孔型窗户，24, 38, 168, 220

PV (photovoltaic) glass（光伏）玻璃，130, 131

PV (photovoltaic) panels　PV（光伏）板，64,
149-152

Radiance (lighting simulation software) Radiance
（采光模拟软件），97, 98, 109

Radiant temperature 辐射温度，86, 87

Rainscreen facades 防雨帘幕立面，46-49, 168,
174-176, 203, 205, 207

R

Relative humidity (RH) 相对湿度（RH）：

defined 被定义的，67, 86

dew-point analysis 露点分析，69-71

in heat transfer analysis 在热传分析中，81

in hygrothermal analysis 在湿热分析中，74,
76, 77

and isopleths for mold 霉菌可生长等值线，79

and thermal comfort 与热舒适，8, 9, 86-87

and weather patterns 与天气特征，8

Retrofit projects, vacuum-insulated glazing units
for 更新工程方案，真空隔热玻璃单元，125

R-value, see Thermal resistance R 值，详见热阻

S

Salts 盐，129, 220

SDBZ (solar dynamic buffer zone) curtain walls
SDBZ（太阳能动态缓冲区）幕墙，149

Self-cleaning glass 自清洁玻璃，128-129

Self-healing materials 自修复材料，131

Shading 遮阳：

Arizona State University Science & Technology

Building 亚利桑那州立大学跨学科科学技术
大楼，160, 166

Bigelow Laboratory for Ocean Sciences 毕格罗
海洋科学实验室，221

Center for Urban Waters 城市水资源中心，168,
174, 175

double-skin facades 双层玻璃幕墙，137, 141-
142

ETFE and ETFE（四氟乙烯纤维）与，123

external shading elements，211-217

King Abdullah Financial District Parcel 4.01
Building 阿卜杜拉国王金融区 4.01 地块项目
建筑，189, 193

King Abdullah Financial District Parcel 4.01
Building 阿卜杜拉国王金融区 4.10 地块项目
建筑，203, 204

Kuwait University College of Education 科 威
特大学教育学院，181-185

and solar heat gain 与太阳热得，61-62

and thermal comfort 与热舒适，94

University of Texas Dallas Student Services
Building 得克萨斯州达拉斯大学学生服务楼，
212-214, 216

Shadow boxes 日影盒，53, 203, 204

Shaft box double-skin facades 竖井式双层玻璃
幕墙，136, 138

SHGC, see Solar heat gain coefficient　SHGC，
详见太阳热得系数

Silica aerogel 二氧化硅气凝胶，52, 124

Silicon PV cells 硅光伏电池，150

Single glazing 单层玻璃，51, 117, 137

Single-skin facades 单层表皮立面，135, 141, 143, 144, 148

Smart materials 智能材料，126-131

Solar cells 太阳能电池，64, 130, 131, 149-152

Solar dynamic buffer zone (SDBZ) curtain walls 太阳能动态缓冲区（SDBZ）幕墙，149

Solar energy/solar heating, see Passive solar energy/ solar heating 太阳能 / 太阳能采暖，详见被动式 太阳能 / 太阳能采暖

Solar heat gain 太阳热得：

　Bigelow Laboratory for Ocean Sciences 毕格罗 海洋科学实验室，218

　Bigelow Laboratory for Ocean Sciences 城 市 水资源中心，168, 170

　King Abdullah Financial District Parcel 4.10 Building 阿卜杜拉国王金融区 4.10 地块项目 建筑，202

　Kuwait University College of Education 科 威 特大学教育学院，182

　orientation and 朝向与，19

　shading devices and 遮阳设施与，61-62

　University of Texas Dallas Student Services Building 得克萨斯州达拉斯大学学生服务楼， 212

Solar heat gain coefficient (SHGC) 太阳热得系 数（SHGC）：

　ASHRAE recommendations ASHRAE 建 议 值，13-14

　defined 被定义的，11

　for glazed facades 透光型立面的，58

　for triple-insulated glazing units 三层隔热玻璃 单元的，129

　variability in electrochromic glass 电致变色玻 璃的变化率，126

Solar orientation, see Orientation 太阳方位，详 见朝向

Solid cell photovoltaics 固态电池的光伏特性， 149

Sound transmission class (STC) rating system 声 音传播等级（STC）评价体系，116-118

Spandrels 窗间墙：

　Bigelow Laboratory for Ocean Sciences 毕 格 罗海洋科学实验室，225

　Center for Urban Waters 城市水资源中心，175

　in curtain walls 幕墙中的，52

　embodied energy in 潜藏能耗，66

　King Abdullah Financial District Parcel 4.10 Building 阿卜杜拉国王金融区 4.10 地块项目 建筑，203

　Kuwait University College of Education 科 威 特大学教育学院，183

　and photovoltaic devices 与 光 伏 设 施，130, 149

SPD (suspended particle device) glass SPD（悬 浮微粒装置）玻璃，126-128, 131

Spray-foam insulation 喷涂泡沫保温材，55, 56, 220, 223, 225, 226

Static air-buffer flow pattern in double-skin facades 双层玻璃幕墙内的静态空气缓冲气流模式，146

STC (sound transmission class) rating system STC（声音传播等级）评价体系，116-118

Steady state heat and moisture transfer analysis 稳

态传热与传湿分析，69-73

Steel, embodied energy of 钢材，潜藏能耗的，64-66

Steel framing 钢骨构架：

    brick cavity wall 空心砖墙，40

    brick veneer facades 砖饰立面墙，40, 55

    design strategies using 设计策略运用，11-13

    dew-point analysis 露点分析，71

    embodied energy 潜藏能耗，65-66

    hygrothermal analysis 湿热分析，75

    King Abdullah Financial District Parcel 4.01 Building 阿卜杜拉国王金融区 4.01 地块项目建筑，193

    opaque facades 不透光型建筑立面，18

    precast concrete panels 预制混凝土板，42

    pressure-equalized rainscreens 等压型防雨帘幕，47

    R-value calculation problems R 值计算的问题，57

    R-value for brick veneer with 砖饰面墙的 R 值，55-57

Stick curtain wall systems 装配式幕墙系统，49, 51, 205

Sunshades, *see* Shading 日影，详见遮阳

Suspended particle device (SPD) glass 悬浮微粒装置（SPD）玻璃，126-128, 131

T

Tectonic sun exposure control 日照控制构造，178-209

    King Abdullah Financial District Parcel 4.01

Building 阿卜杜拉国王金融区 4.01 地块项目建筑，186-199

King Abdullah Financial District Parcel 4.10 Building 阿卜杜拉国王金融区 4.10 地块项目建筑，200-209

Kuwait University College of Education 科威特大学教育学院，178-186

Terra cotta 陶质材料，47, 214, 216, 217

THERM (software) THERM（软件），80-82

Thermal behavior 热性能，66-83

    heat transfer 热传，66-69

    heat transfer analysis 热传分析，79-83

    hygrothermal analysis 湿热分析，74-79

    steady state heat and moisture transfer analysis 稳态传热与传湿分析，69-73

Thermal breaks 热隔断，50

Thermal bridging 热桥，57-59

Thermal comfort 热舒适，86-94

    defined 被定义的，86

    facade design for …的立面设计，91-94

    facade properties affecting 立面特性影响，8-9

    methods of measurement 测量方法，87-91

Thermal Comfort Model 热舒适模型，89-91

Thermal comfort zone 热舒适域，159, 167, 186, 211

Thermal conductivity 导热系数：

    aerogels 气凝胶，124

    aluminum mullions 铝制窗梃，50

    and material selection 与材料选择，54

    terra cotta 陶质材料，216

    vacuum-insulated panels 真空隔热板，126

Thermal gradient 温度梯度，70-73, 80-83

Thermal performance, *see specific metrics, e.g.*:

Heat transfer coefficient 热性能，*详见特定度量，例如：传热系数*

Thermal resistance (R-value) 热阻值（R 值）：

    aerogels 气凝胶，124

    ASHRAE minimum recommendations ASHRAE 最低建议值，11-12

    brick veneer facades 砖饰立面墙，55-56

    defined 被定义的，11

    facades at Center for Urban Waters 城市水资源中心的立面，175

    glazed facades 透光型立面，58-59

    opaque building envelopes 不透光建筑围护结构，54-55

    thermal bridging and 热桥与，57

    vacuum-insulated glazing units 真空隔热玻璃单元，124

Thin film photovoltaics 光伏薄膜，149

Thin-shell precast concrete panels 薄壳预制混凝土板，44-45

Ties (brick) 系材（砖材），57, 58, 70

Tinkham Veale University Center 廷汉姆·维尔大学中心

    (Case Western Reserve University, Cleveland, Ohio)（西凯斯储备大学，俄亥俄州，克里夫兰），145-148, 230-231

Tinted glass 着色玻璃，51

Titanium dioxide 二氧化钛，128, 129

Transient-analysis method 瞬时分析法，73-79

Triple-insulated glazing units (IGUs) 三层隔热玻璃单元（IGUs）：

    acoustic performance 声学性能，118

    phase-changing materials for 相变材料的，129-130

    and thermal comfort 与热舒适，92, 93

    thermal performance 热性能，51-52

    U-values U 值，82

U

Ultraviolet radiation 紫外线辐射，95, 122, 128, 129

Unified Glare Rating (UGR) 标准化眩光等级（UGR），109, 114-115

U.S. Green Building Council LEED certification, *see* LEED Gold certification; LEED Platinum certification 美国绿色建筑协会的 LEED 认证，*详见 LEED 金质认证；LEED 铂金质认证*

Unitized curtain wall systems 规格化幕墙系统，49

University of California at Berkeley–Center for the Built Environment (CBE) 加州伯克利大学 - 建成环境中心（CBE），89-91

University of Texas Dallas Student Services Building 得克萨斯州达拉斯大学学生服务楼，211-217, 234

U-value, *see* Heat transfer coefficient U 值，*详见传热系数*

V

Vacuum-insulated glazing units 真空隔热玻璃单元，124-125, 131

Vacuum-insulated panels (VIPs) 真空隔热板

（VIPs），126

Vapor 蒸气，67

    dew-point analysis 露点分析，69-73

    diffusion 扩散，67

    hygrothermal analysis 湿热分析，74-79

    non-rainscreen facade systems 非防雨帘幕立面系统，46

    thermal comfort and 热舒适与，86-87

Vapor barriers 蒸气隔膜，46, 68-73, 75, 77

Vapor infiltration 水蒸气渗透，67

Vapor pressure 水蒸气压力，70-73

VCP (Visual Comfort Probability) VCP（视觉舒适性概率），109, 110, 114-115

Ventilated air cavities 通风空腔层，47, 135, 141-148

Ventilation 通风：

    acoustic performance 声学性能，118

    Center for Urban Waters 城市水资源中心，167, 168, 171

    control systems for 控制系统的，153, 154

    courtyards as source of 庭院资源，23

    and design strategy 与设计策略，10

    double-skin facades 双层玻璃幕墙，135-148

    energy-efficient facades 能源效率立面，18

    Kuwait University College of Education 科威特大学教育学院，182

    as portion of commercial building energy use 商业建筑能源局部利用，2

    thermal comfort 热舒适，88, 89

Vincent Triggs Elementary School (Las Vegas, Nevada) 文森特·特里格斯小学（内华达州，拉斯韦加斯），22-24, 228

VIPs (vacuum-insulated panels)（真空隔热板），126

Visual comfort 视觉舒适，8-9, 95, 96

Visual Comfort Probability (VCP) 视觉舒适性概率（VCP），109, 110, 114-115

Visual transmittance (Tv) 通视率（Tv），60, 61, 129, 194

W

Wall assemblies. See also Curtain walls 墙体组合构造，详见幕墙

    Bigelow Laboratory for Ocean Sciences 毕格罗海洋科学实验室，218-226

    dew-point analysis 露点分析，71

    hygrothermal analysis 湿热分析，77

    Princess Nora Bint Abdulrahman University for Women Academic Colleges 诺拉·宾特·阿卜都拉罕公主大学女子学院，132-135

    R-values R 值，55-56

    U-values U 值，59-60

Water vapor, see Vapor 水蒸气，详见蒸气

Wind 风，47, 80, 160

Windows 窗户：

    acoustic qualities 声学质量，117-118

    Arizona State University Science & Technology Building 亚利桑那州立大学跨学科科学技术大楼，160

ASHRAE thermal comfort measurement ASHRAE 热舒适度评量法，88

    Bigelow Laboratory for Ocean Sciences 毕格罗

海洋科学实验室，220, 223

box window double-skin facades 箱窗型双层玻璃幕墙，136-138

Center for Urban Waters 城市水资源中心，168, 170, 173-175

daylighting 采光，95-103

double-skin facades 双层玻璃幕墙，135, 136, 141

energy consumption management 能耗管控，141

glare 眩光，110-115

King Abdullah Financial District Parcel 4.10 Building 阿卜杜拉国王金融区 4.10 地块项目建筑，203

Kuwait University College of Education 科威特大学教育学院，182

thermal comfort 热舒适，91-94

WINDOW (heat-transfer analysis software) WINDOW（传热分析软件），80-81

Window-to-wall ratio (WWR) 窗墙比（WWR），25-37

    Bigelow Laboratory for Ocean Sciences 毕格罗海洋科学实验室，220

    Center for Urban Waters 城市水资源中心，175

daylighting and 采光与，97

Hector Garcia Middle School 赫克特·加西亚中学，38, 39

King Abdullah Financial District Parcel 4.01 Building 阿卜杜拉国王金融区 4.01 地块项目建筑，193-194

King Abdullah Financial District Parcel 4.10 Building 阿卜杜拉国王金融区 4.10 地块项目建筑，202, 209

thermal comfort and 热舒适与，91-92, 94

Wire ties (brick) 金属系材（砖材），57, 58, 70

Wood 木材，64-66, 79

Wood-framed walls 木构架墙，12, 13

WUFI® (Wärme und Feuchte instationär) software WUFI®（湿热分析）软件，74, 79

WWR, see Window-to-wall ratio WWR，详见窗墙比

Z

Z-girts Z 字形拉杆，57-59

Zone method, for R-value calculation 分区法，用于 R 值计算，57